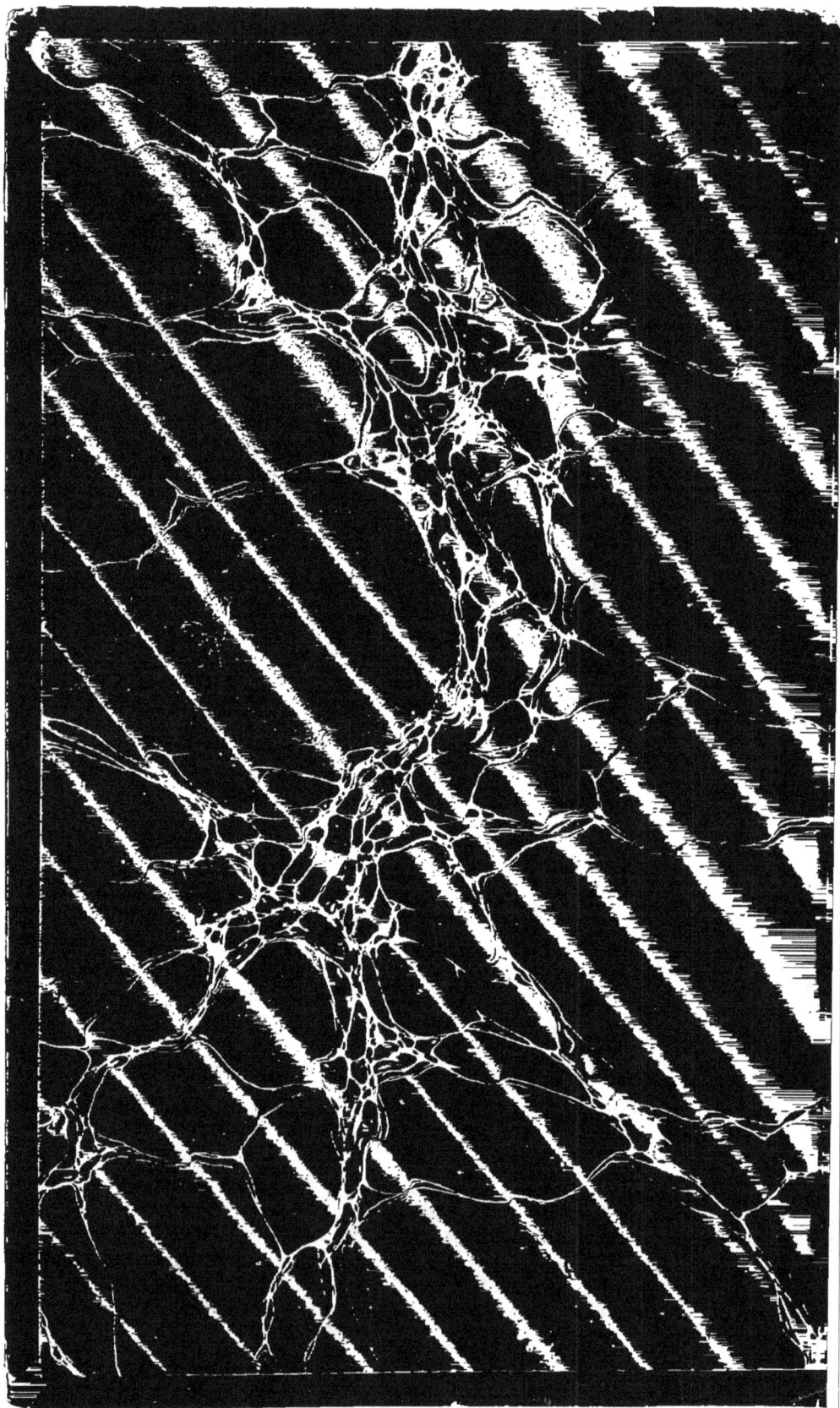

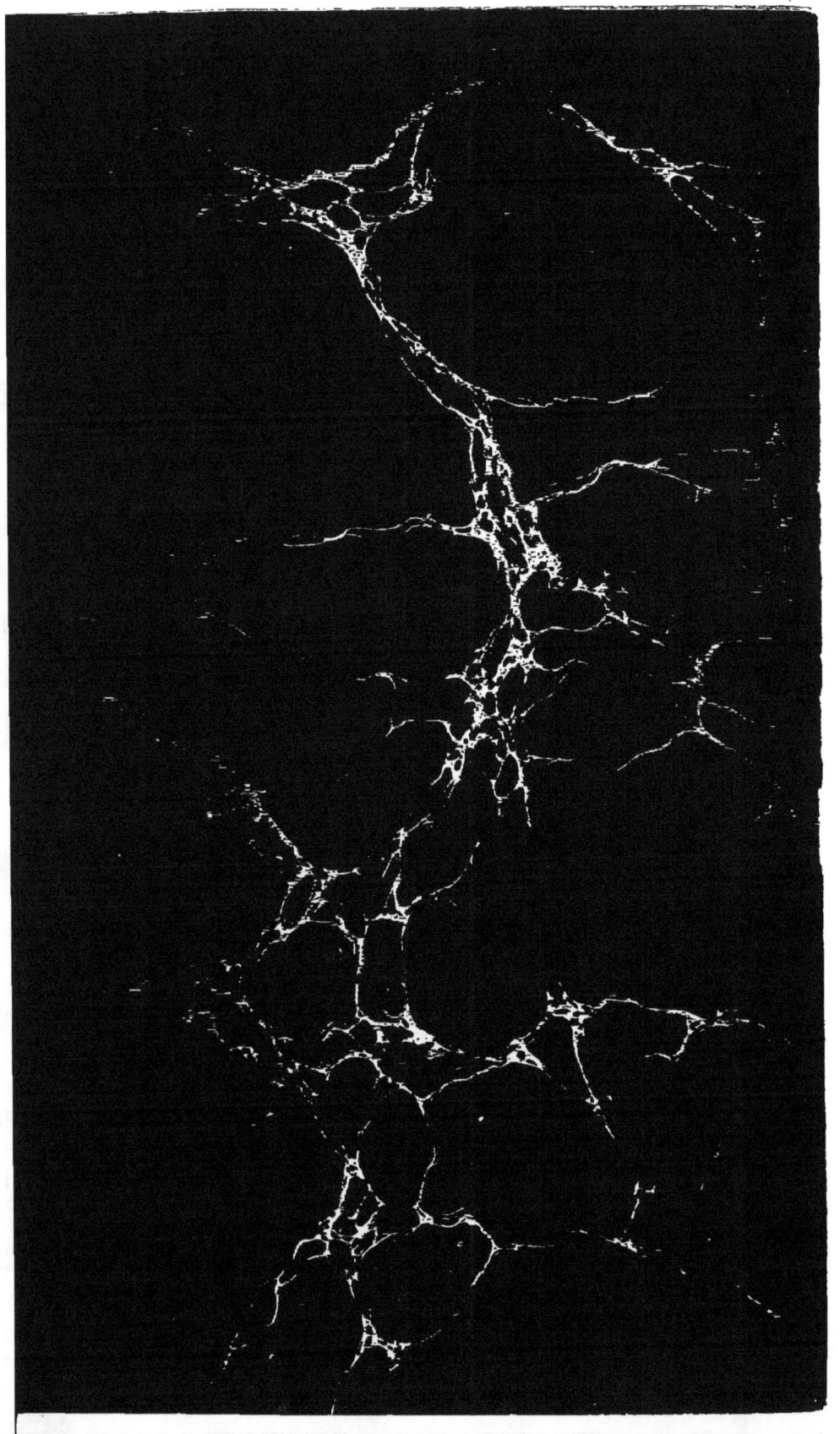

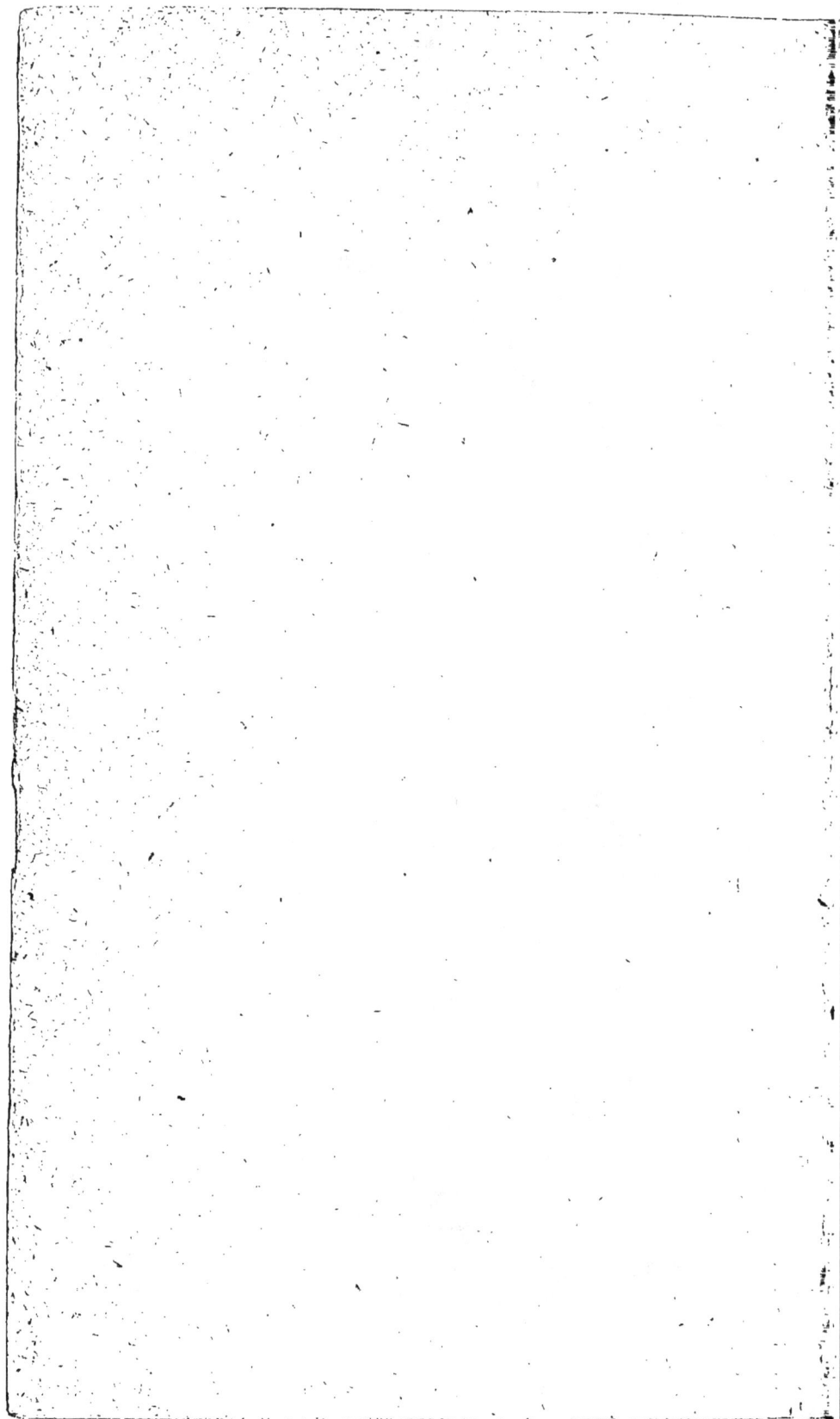

BIBLIOTHÈQUE
DES MERVEILLES

PUBLIÉE SOUS LA DIRECTION

DE M. ÉDOUARD CHARTON

LES PAQUEBOTS A GRANDE VITESSE

14728 — PARIS, IMPRIMERIE A. LAHURE

9, rue de Fleurus, 9

BIBLIOTHÈQUE DES MERVEILLES

LES

PAQUEBOTS A GRANDE VITESSE

ET LES

NAVIRES A VAPEUR

PAR

MAURICE DEMOULIN

INGÉNIEUR DES ARTS ET MANUFACTURES

Le sombre esprit humain, debout sur son tillac,
Stupéfiait la mer qui n'était plus qu'un lac.

VICTOR HUGO.

OUVRAGE ILLUSTRÉ DE 45 GRAVURES SUR BOIS

PARIS

LIBRAIRIE HACHETTE ET Cie

79, BOULEVARD SAINT-GERMAIN, 79

1887

Droits de propriété et de traduction ré...

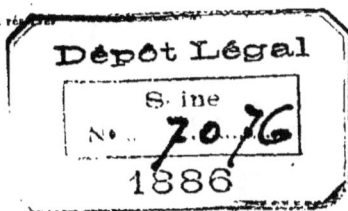

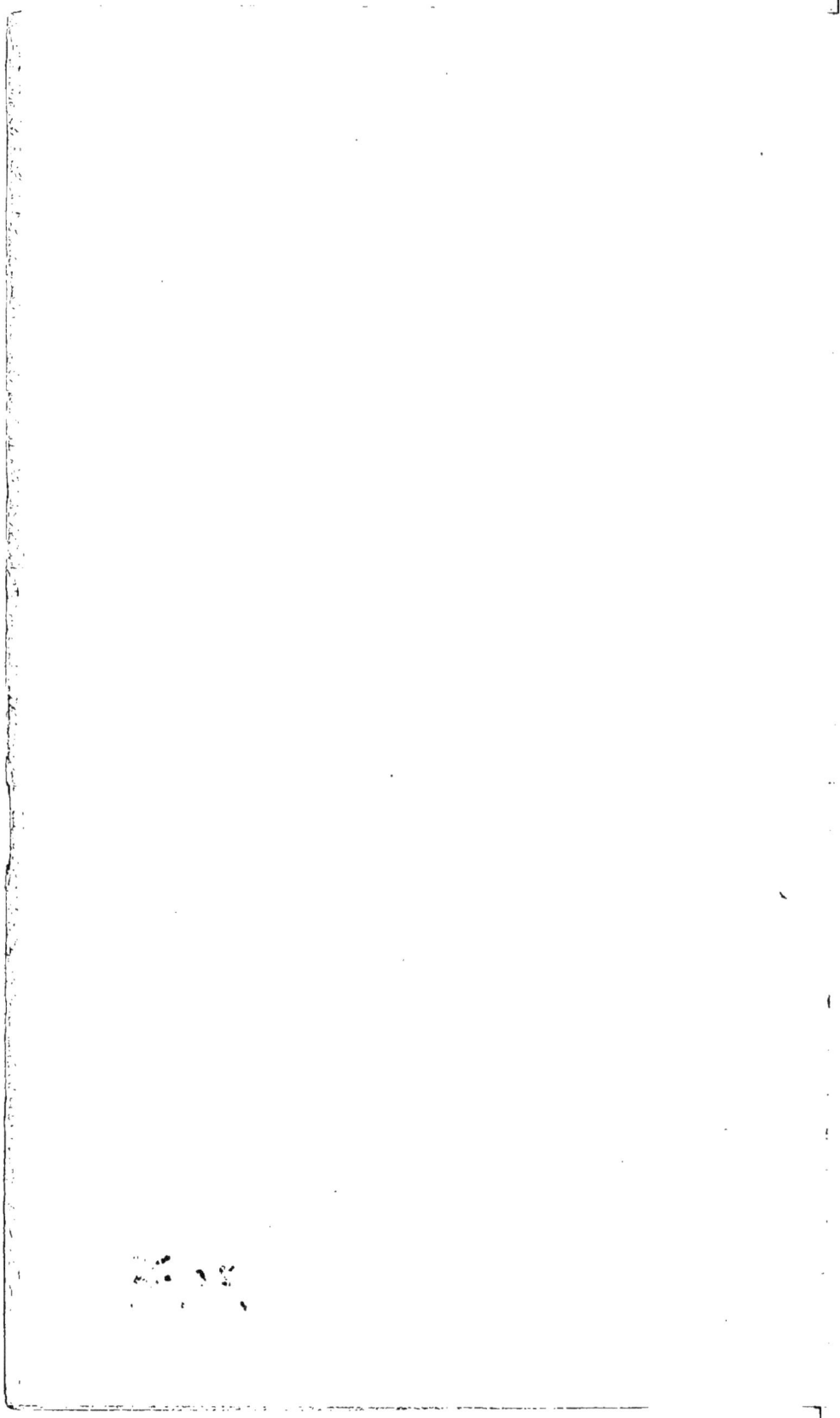

PRÉFACE

Nous nous sommes proposé de retracer, dans ce volume, les perfectionnements récemment introduits dans la construction navale et les merveilleux progrès de la navigation à vapeur. Il nous semble que c'est un sujet dont nul ne saurait se désintéresser complètement, quelque étranger qu'il puisse être aux choses de la mer. Les flottes commerciales ne sont-elles pas une des sources de la prospérité de nos ports et de notre industrie, en même temps qu'elles constituent une des plus éclatantes manifestations que l'homme ait données de sa puissance ?

Nous allons décrire l'agencement, la structure et le mode de construction d'un paquebot moderne et de sa machine, toutes choses qui ont subi bien des transformations depuis dix ans. Nous le ferons aussi complètement que possible sans entrer dans des détails fastidieux pour les lecteurs à qui ce langage n'est pas familier. Nous nous sommes tout particulièrement attaché à l'étude des dispositions nouvelles, ou, du moins, de celles qui n'ont été mentionnées jusqu'ici que dans les ouvrages spéciaux.

Qu'on ne s'étonne pas en constatant la place restreinte que nous avons réservée à la marine militaire. La navigation transatlantique et commerciale offre, ce nous semble, autant d'intérêt, car son développement a exigé une somme tout aussi considérable d'ingéniosité et d'audace; en outre, elle possède à nos yeux un attrait particulier, par cela même qu'elle est moins connue du public.

D'ailleurs nous rappellerons, dans un chapitre spécial, à propos des croiseurs et des torpilleurs, les progrès les plus remarquables qui ont été réalisés depuis quelques années dans la marine de guerre, notamment au point de vue de la vitesse.

On ne nous reprochera pas, nous l'espérons, l'emploi fréquent des termes techniques sans lesquels nos descriptions eussent manqué de rigueur et de clarté. En plusieurs circonstances il nous a fallu, coûte que coûte, parler métier.

LES

PAQUEBOTS A GRANDE VITESSE

CHAPITRE PREMIER

LA TRAVERSÉE DE L'ATLANTIQUE

La puissance de l'esprit humain ne s'est jamais plus brillamment révélée que par la création de ces grands et rapides paquebots qui, dédaigneux des fureurs de l'Océan, le sillonnent en tous sens. C'est un bien merveilleux spectacle que celui d'un transatlantique de 8000 tonneaux, naviguant à toute vapeur au milieu d'une mer démontée, et cela pendant des jours et des nuits, sans discontinuité, sans arrêt (fig. 1). Confiant en sa vigueur, l'énorme steamer fend les lames, semblable à quelque monstre fabuleux; son cœur est un foyer éblouissant; un sang incolore bout et palpite dans ses veines de métal; ses muscles d'acier sont animés par une force de plusieurs milliers de chevaux! Tout ceci n'étonne plus guère aujourd'hui, et pourtant que la légende est faible à côté de cette réalité !

Ces résultats surprenants ne sont cependant que l'œuvre de quelques années : la construction des grands navires à vapeur est une science plus moderne encore que l'art des chemins de fer. Dans le dernier quart de siècle, la locomotive, à part quelques perfectionnements de détails, n'a pas fait de progrès bien notables, tandis que l'architecture navale a marché à pas de géant. Depuis dix ans les dimensions des paquebots se sont accrues dans une immense proportion ; leur puissance et leur vitesse sont parvenues à un degré de perfectionnement que l'on n'aurait, hier encore, osé soupçonner.

Nous ne nous proposons nullement de retracer ici, en détail, l'historique de la navigation à vapeur ; nous insisterons seulement sur le développement tout récent des services postaux transatlantiques qui ont été l'origine de la cause prédominante des progrès de la marine marchande. Nous nous attacherons peut-être plus particulièrement à la ligne de Liverpool à New-York, ligne privilégiée, sur laquelle se sont concentrés, accumulés tant d'efforts énergiques, tant de travail et de capitaux.

On nous pardonnera de citer souvent l'exemple de l'Angleterre et de faire une très large place aux

Un transatlantique à la mer.

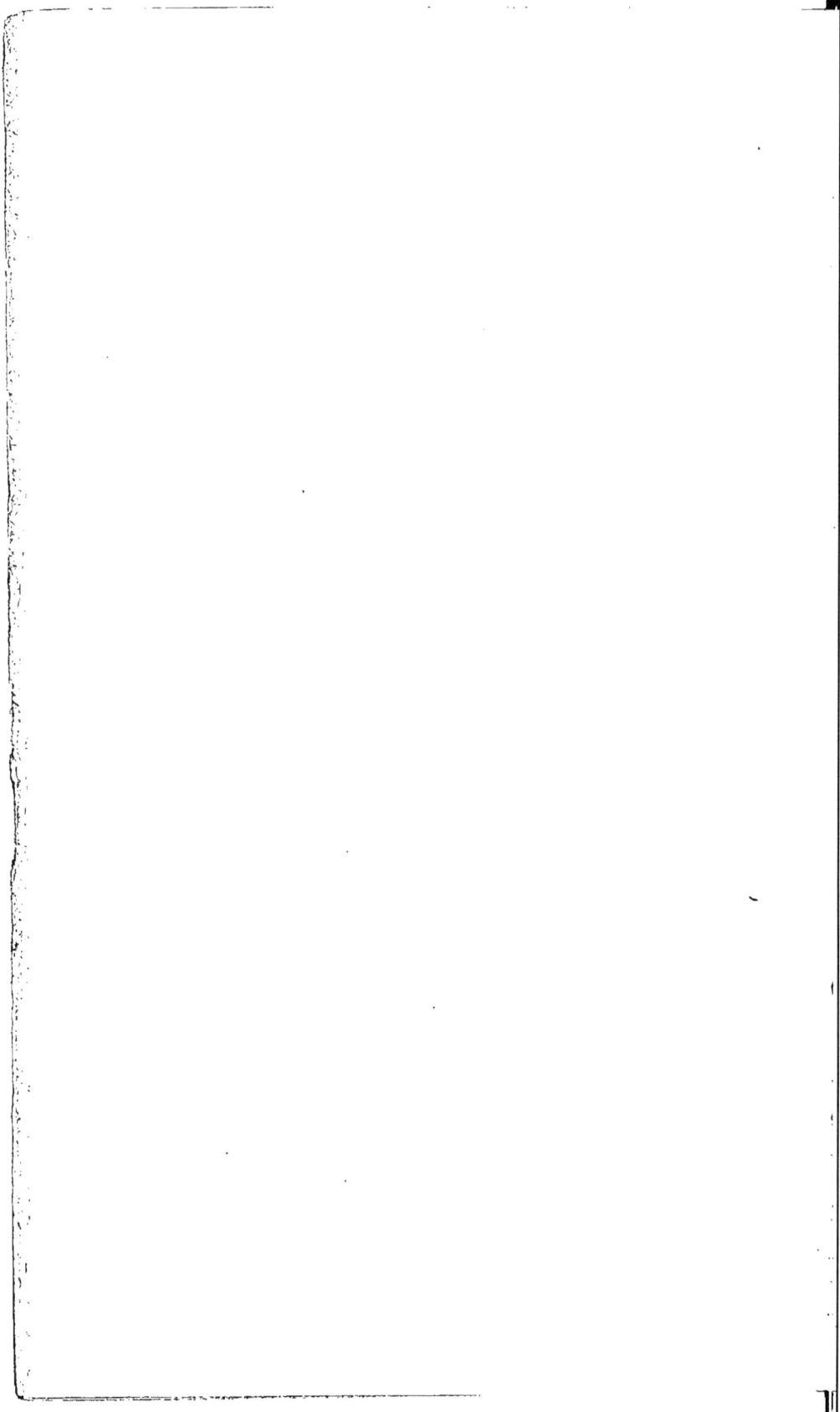

travaux de ses constructeurs. Le patriotisme aveugle est un des pires ennemis du progrès, et si c'est une faiblesse d'admirer systématiquement tout ce qui se fait à l'étranger, c'est une faute plus grave encore d'en négliger l'étude. C'est en examinant, sans parti pris, les œuvres des rivaux qu'on arrive le plus sûrement à élargir ses idées et à sortir du cercle restreint dans lequel l'esprit peut tendre à se renfermer. On apprend ainsi à compter avec les autres, à éviter toute surprise. Pour assurer à notre pays la prépondérance ou tout au moins le rang qui lui est dû, il importe que chacun se rende un compte exact des difficultés croissantes de la lutte industrielle et scientifique afin de s'y préparer par un labeur assidu et réfléchi.

L'Ancien Continent et l'Amérique du Nord sont aujourd'hui reliés par un nombre considérable de lignes transatlantiques. Nous nous contenterons de citer les principales qui trafiquent plus particulièrement du transport des passagers.

Les paquebots qui desservent ces lignes sont certainement, par leurs dimensions, leur luxe ou leur vitesse, les plus beaux spécimens que l'architecture navale ait produits. Ils partent tous à heure fixe, et, le plus souvent aussi, arrivent à heure fixe. Le temps qu'ils mettent à parcourir l'Atlantique est même si bien déterminé, que les traversées se comptent en jours, heures et minutes, comme le trajet d'un train de chemin de fer. C'est à peine si les tempêtes et les vents contraires augmentent de quelques heures la durée du passage. Il arrive bien de temps à autre des avaries sérieuses, mais les pertes totales sont extrêmement rares.

Les paquebots à grande vitesse sont nés de l'accroissement constant et rapide des relations commerciales entre l'Europe et les États-Unis d'Amérique. Si les progrès les plus étonnants ont été réalisés pendant les dernières années, il convient cependant de dire que la création des premières lignes de paquebots remonte à plus de soixante-dix ans. Alors les navires à voiles étaient seuls en concurrence, la navigation à vapeur se trouvant encore dans l'enfance.

La première ligne régulière de paquebots entre New-York et Liverpool fut, croyons-nous, la *Black Ball Line* (ligne de la Boule Noire), fondée vers 1816. La durée moyenne des traversées était de vingt à vingt-cinq jours pour l'aller; la traversée de retour durait ordinairement deux fois plus longtemps. Exceptionnellement, quelques voiliers firent pourtant le voyage en seize jours. Plus tard, de nouvelles compagnies se fondèrent, et celles qui existaient augmentèrent leur matériel[1]. De cette époque date la construction de ces superbes *clippers* à voiles qui atteignirent, de 1845 à 1855, à l'apogée

---

1. De 1822 à 1833, trois lignes de paquebots à voiles furent établies entre le Havre et New-York.

de leur réputation [1]. Ces bâtiments à voiles, très fins, construits uniquement en vue de la vitesse, étaient fort longs et étroits; c'étaient les plus beaux spécimens de l'architecture navale du temps. Ils jaugeaient jusqu'à 5000 tonnes, et leur longueur dépassait souvent 80 mètres. Gréés en trois-mâts francs ou en quatre-mâts, ils portaient des *contre-cacatois*, des *dragons*, des *grands-focs* et des *bonnettes* énormes; en un mot une véritable voilure de course. Quand ils naviguaient, toutes voiles dehors, aucun vaisseau de guerre ne pouvait leur être opposé, non seulement pour la vitesse, cela va sans dire, mais pour la majesté et la beauté de l'aspect. Un d'eux, le plus célèbre du reste, le *Dreadnought*, passe pour avoir fait la traversée de l'Atlantique, de Queenstown à Sandy-Hook, en neuf jours et dix heures, soit dans le même temps que les meilleurs transatlantiques antérieurement à 1875. Toutefois, il y a lieu de remarquer que ces vitesses surprenantes n'étaient atteintes que par exception, grâce à la coïncidence fortuite de circonstances avantageuses, et qu'elles étaient soumises au caprice des alizés, de la mer, des marées [2].

Il ne faut pas croire que l'on ait complètement

---

1. Le *Natchez* fit la traversée de Canton à New-York en 76 jours, sans avoir eu, paraît-il, à changer une seule fois d'amures.

Le *Sovereign of the Seas* a parcouru une fois 420 milles (778 kilomètres) en 24 heures.

2. Les meilleurs clippers, quand ils naviguaient avec fort vent debout, mettaient plus de 100 jours à traverser l'Atlantique.

abandonné la construction des grands navires à voiles, qui semblent au contraire subir depuis peu un regain de faveur. Le grand voilier moderne est un navire de trois à quatre mille tonneaux, entièrement en fer ou en acier. Il est le plus souvent gréé en quatre-mâts carré, et comporte une petite chaudière qui alimente les treuils ou le guindeau à vapeur. Quelquefois, on le munit, comme l'*Union* de Bordeaux, de petites hélices auxiliaires qui lui permettent d'atteindre une vitesse de quatre à cinq nœuds dans les calmes plats. A la voile, par jolie brise et belle mer, à l'allure du grand largue, ces bâtiments peuvent atteindre des vitesses de 15 nœuds à l'heure.

Ce n'est guère avant 1850 que les steamers commencèrent à remplacer définitivement les paquebots à voiles sur les lignes de l'Atlantique, bien que les essais de la navigation à vapeur aient été antérieurs à cette date[1]. Depuis cette époque, les progrès de l'art naval furent incessants. Les bâtiments ont été successivement agrandis; les machines se sont perfectionnées, et les steamers à aubes ont, pour ces longues traversées, cédé la place aux navires à hé-

1. Les deux premiers paquebots à vapeur qui traversèrent l'Atlantique furent le *Sirius*, de 150 chevaux, et le *Great-Western*, de 450 chevaux. C'étaient des steamers à aubes. Le dernier n'avait emporté que sept passagers à son premier voyage, qui eut lieu en 1838 et dura 15 jours, soit précisément le double du temps que l'on met aujourd'hui à accomplir ce même parcours. Toutefois, le *Great-Western* fit un voyage en 12 jours et 7 heures.

lice. Les compagnies de navigation à vapeur se sont multipliées et leurs flottes ont été régulièrement augmentées de paquebots immenses et rapides.

Bien que nous nous occupions d'une façon particulière des lignes transatlantiques ayant New-York pour objectif, nous nous trouvons actuellement en face d'un grand nombre de lignes rivales qui, presque toutes, possèdent plusieurs de ces coursiers célèbres traversant l'Océan en 6 jours et quelques heures.

En France d'abord, nous avons la Compagnie générale Transatlantique avec son immense flotte, dont les paquebots les plus rapides sont : la *Normandie*, de 6600 chevaux, qui fait 15 nœuds 1/2 en moyenne, puis ses quatre bateaux neufs de 8000 chevaux : *Bretagne*, *Champagne*, *Bourgogne* et *Gascogne*, que nous décrirons plus loin, et qui filent 17 nœuds en service (fig. 2).

La plus célèbre et la plus ancienne des lignes anglaises, la compagnie Cunard, possède actuellement quelques-uns des paquebots les plus rapides et les plus perfectionnés du monde, parmi lesquels nous citerons : la *Servia*, l'*Aurania*, qui filent 17 nœuds ; l'*Etruria* et l'*Umbria*, de 14000 chevaux, qui marchent à raison de 19 nœuds par heure et font la traversée de l'Atlantique en un peu plus de 6 jours. Hier encore, on pouvait citer à l'actif de cette société le fameux *Oregon*, qui fit un voyage de Queenstown à New-York en 6 jours et 8 heures.

Puis viennent : l'Anchor Line, avec le *City of Rome*, de 8800 tonneaux, et l'*America*, autre célèbre *liner* ; la Guion Line, dont les paquebots les plus rapides sont l'*Arizona* et l'*Alaska;* ce dernier a fait une traversée avec une vitesse moyenne de 17 nœuds 1/2. D'autres compagnies anglaises : White star Line, National Line, Inman, possèdent aussi plusieurs de ces merveilleux paquebots à grande vitesse que nos voisins appellent *crack-ships* et qui, tous, comme des chevaux de course, ont eu leur triomphe et leur heure de célébrité.

L'Allemagne elle-même s'est mise à l'unisson. Le North German Lloyd, qui a Brême pour tête de ligne, possède actuellement cinq ou six paquebots de 6 à 7000 chevaux dont la vitesse moyenne en service dépasse 16 nœuds. De Hambourg part une autre ligne, dont un des steamers, l'*Hammonia*, peut lutter avec les précédents.

Les lignes de l'Atlantique Nord ne sont pas les seules qui soient desservies par des paquebots neufs et rapides. Ainsi l'Orient Line, qui relie Londres à l'Australie, compte deux immenses bâtiments à grande vitesse : l'*Austral* et l'*Orient*. Notre compagnie des Messageries Maritimes possède quelques fort beaux spécimens de construction navale. Toutefois, disons-le, les vapeurs qui font les voyages dans les mers du Sud, quelque vastes et puissants qu'ils puissent être, ne viennent qu'au second rang comparés aux paquebots les plus mo-

Fig. 2. — La *Normandie* quittant le port du Havre.

dernes que l'on rencontre aujourd'hui sur la ligne de New-York.

C'est surtout à la concurrence à outrance que se sont faite et que se font les compagnies anglaises citées plus haut, que l'on est redevable de ces admirables constructions. De proche en proche, cette fièvre a gagné d'abord les lignes allemandes, puis notre Compagnie transatlantique. Il est absolument avéré que tout paquebot célèbre pour sa vitesse et reconnu pour le plus rapide, fît-il seulement la traversée de l'Atlantique en quelques heures de moins que ses concurrents, sera toujours recherché de préférence par les passagers, même si le prix du voyage y est un peu plus élevé. C'est ainsi que vers 1883 la fameuse compagnie Cunard faillit perdre sa réputation, et vit diminuer le nombre de ses passagers, au profit de la ligne Guion, qui avait fait construire deux bateaux plus rapides. Aussi, la compagnie Cunard, désireuse de conserver le premier rang, dut-elle acheter, pour une somme considérable, l'*Oregon* à la compagnie Guion, et faire construire l'*Etruria* et l'*Umbria*, qui éclipsèrent de nouveau leurs rivaux.

La période la plus remarquable au point de vue de la vitesse et celle qui a été témoin de la concurrence la plus acharnée, s'étendit de 1879 à 1884, à peu près dès le moment où le *Gallia* et le *Servia* (compagnie Cunard) commencèrent leur service. La lutte pour l'existence ne s'est jamais

mieux manifestée et n'a jamais causé un plus
grand effort ni des progrès matériels plus rapides.
A peine un paquebot a-t-il fait parler de lui comme
du premier marcheur de l'Atlantique, qu'une
compagnie rivale met en chantier un steamer plus
puissant ou plus rapide. C'est ainsi qu'au *Serria*
succède le *City of Rome*, et à ce dernier paquebot
l'*America*, puis l'*Alaska*, qui reste pendant un an
le roi des mers. L'*Alaska* est détrôné à son tour
par l'*Oregon*, dont les succès sont effacés par ceux
de l'*Umbria*, actuellement sans rival. Combien de
temps cela durera-t-il? Serons-nous encore pro-
chainement témoins de nouveaux progrès? On ne
saurait le dire. Il y a surtout là une question
d'argent, et l'on doit constater un certain refroidissement dans l'ardeur de ce combat pacifique,
car ces immenses paquebots, qui coûtent des prix
insensés et consomment d'effroyables quantités de
charbon, ne se sont pas montrés bien rémunéra-
teurs pour leurs propriétaires. D'abord ces steamers, ne devant leur réputation qu'à la prodigieuse rapidité de leurs traversées, ont, au point
de vue de la spéculation, un bien faible rendement.
Ainsi tel *liner* qui traverse l'Atlantique en 6 jours
et 7 heures et que nous pourrions citer, consomme
une fois et demie autant de charbon que tel autre
qui fait le même voyage en 7 jours[1]. Si donc le

1. Les principales lignes qui font le service entre l'Europe et

premier n'absorbe pas le trafic de son concurrent, il constituera une triste opération financière. En outre, comme il existe pour ces bateaux une véritable morte-saison, pendant laquelle les passagers sont plus rares, et qui coïncide avec les mauvais temps de l'hiver, les grands mangeurs de charbon sont désarmés une partie de l'année. Pendant les quelques mois qu'on les utilise, ils doivent payer, en plus de leur entretien pour l'année entière : l'intérêt des sommes qu'ils ont coûtées, l'amortissement, l'assurance; puis gagner le combustible qu'ils dévorent, sans compter les émoluments du personnel et les dépenses de toute nature qu'ils entraînent. Il reste bien peu de chose pour représenter le bénéfice sur lequel l'armateur a droit de compter comme rémunération des sacrifices qu'il s'est imposés.

Aussi, ne devra-t-on pas s'étonner de voir survenir un jour entre les compagnies rivales des arrangements qui auront pour effet de diminuer cette concurrence effrénée dont le public seul a profité. Du reste, à l'heure actuelle, il existe déjà entre ces lignes anglaises une sorte d'association, nommée *conference*, analogue à ce qui se passe chez nous entre certaines compagnies de chemins de fer. Le siège de cette *Union* se trouve à Liverpool; les administrateurs délégués par les compagnies syndiquées

New-York, au nombre de 55, ont transporté, en 1885 : 55 160 passagers de chambre et 281 170 émigrants.

2

fixent les tarifs, ils s'entendent pour maintenir les prix des frets ou des passages, et pour évincer les concurrents. Ces derniers doivent être bien forts pour résister quelques mois à cette coalition, et le rival une fois disparu, les tarifs, que les compagnies associées avaient abaissés momentanément pour tuer l'ennemi, sont relevés de nouveau.

Quoi qu'il en soit, pour tous ceux qui aiment à être témoins des efforts de l'activité humaine, aussi bien que pour les enthousiastes du progrès, les luttes de ce genre offrent le plus vif intérêt. Elles sont le meilleur stimulant pour l'ingénieur et le constructeur, et c'est d'elles que naît l'initiative privée, qui a toujours coopéré à un si haut degré au développement de la civilisation.

Pour comparer les *performances* des différents transatlantiques, les Anglais ont choisi comme mesure le temps employé à effectuer la traversée de l'Océan entre Queenstown et New-York. On sait que presque tous ceux de leurs paquebots qui effectuent le voyage d'Amérique ont Liverpool pour tête de ligne, mais qu'ils font une escale à Queenstown en Irlande, où ils prennent les dernières dépêches amenées par le chemin de fer et par les *express-boats* d'Holyhead. En comptant la traversée comme nous venons de l'indiquer, on élimine bien des causes d'erreur qui fausseraient l'exactitude des comparaisons, telles que le séjour dans les rades, soit de Queenstown, soit de Liverpool, le ralentissement obligé à l'entrée des passes de la Mersey, le temps perdu à embarquer les pilotes, à faire les signaux, etc.

La distance qui sépare Queenstown de la grande ville américaine est de 2800 milles marins environ. Pour accomplir, comme l'a fait l'*Oregon*, ce parcours en 6 jours et quelques heures, il est nécessaire que la vitesse moyenne du bâtiment atteigne près de 18 nœuds, soit 33 kilomètres 3 dixièmes par heure. Cela revient à dire que si l'Amérique se trouvait reliée à l'Ancien Continent par une ligne de chemin de fer, la durée totale du trajet ne serait guère inférieure, en tenant compte des arrêts inévitables, pour faire de l'eau ou du combustible et changer de machine. On peut également affirmer que cette dernière manière de voyager serait beaucoup plus fatigante, et que le passager ne trouverait jamais, dans les plus luxueux *sleeping-cars*, le confort qu'il rencontre à bord des paquebots.

Il faut être un peu du métier, pour se rendre compte de ce que cette vitesse de 18 nœuds, soutenue pendant plusieurs jours par un navire, a de merveilleux. Les esprits les plus audacieusement favorables aux progrès l'eussent considérée comme absolument chimérique, il y a une quinzaine d'années seulement, si quelque ingénieur téméraire eût été alors assez osé pour la garantir. Les récents progrès de la machine marine, l'élévation des pressions, l'adoption générale des appareils compound et du condenseur à surface, l'emploi de l'acier pour la construction des coques, ont surtout contribué à produire ces brillants résultats, en permettant l'installation à bord des paquebots, de machines très puissantes et très économiques. Si, en effet, les appareils de navigation consommaient encore, comme il y a vingt ans, 2 kilogrammes de charbon par force de cheval et par heure, la création des transatlantiques à grande vitesse possédant des machines de 10 à 15 000 chevaux fût demeurée impossible. Un semblable bâtiment aurait dû emporter, pour une traversée de 7 jours, plus de 4000 tonnes de charbon, quantité double de celle qu'il lui faut aujourd'hui, et supérieure au chargement total que le paquebot pouvait prendre.

On se figure difficilement quel soin, quelle attention, quelle pratique et quelle science il faut, pour construire ces immenses machines et pour les conduire. Songez qu'un appareil de 10 000 chevaux, dont les arbres sont plus gros que le corps d'un homme et dont toutes les pièces du mécanisme sont à l'avenant, doit exécuter, pendant la traversée de l'Atlantique, quelque chose comme 600 000 révolutions, 5 600 000 coups de piston si la machine est à trois cylindres, et cela sans stopper ni même ralentir un instant. Savez-vous ce que, durant ce même intervalle de temps, il faudra vaporiser d'eau dans les colossales chaudières qui alimentent ces appareils? Plus de 15 millions de litres! et s'il s'agit d'un voyage plus long encore, celui d'Australie, par exemple, on devra plus que sextupler ces chiffres. Et pourtant, la perfection des machines est telle que ces paquebots accomplissent souvent plusieurs traversées sans nécessiter autre chose que des réparations peu importantes.

On sait que pour accomplir jour et nuit le travail, que produit sans discontinuité un cheval-vapeur, il faudrait au moins quatre bons chevaux se relayant successivement et dont le poids total atteindrait environ 1800 kilogrammes, alors qu'une machine de bateau pèse seulement 200 kilogrammes par cheval indiqué. Si donc on voulait faire exécuter le travail mécanique des machines de 14 000 chevaux de l'*Umbria* par des chevaux en chair et en os, cette fantaisie exigerait une écurie de 56 000 bêtes pesant ensemble 26 000 tonnes, soit précisément neuf fois plus que la machine qu'ils remplaceraient!

Nous insistons plus particulièrement sur la question mécanique, parce qu'il nous semble que c'est le coté le plus grandiose de la science navale. On verra du reste, dans quelques-uns des chapitres suivants, que les résultats acquis relativement à la sécurité et au confortable que les passagers peuvent trouver à bord des grands paquebots, ne sont pas moins admirables.

CHAPITRE II

LA COQUE

Un navire à vapeur comprend un nombre considérable d'éléments différents que l'on rattache habituellement à cinq divisions principales : la *coque*, les *accessoires de coque*, la *machine*, l'*armement*, les *emménagements*. Nous suivrons cette classification comme étant la plus logique et la plus usuelle.

La coque proprement dite, c'est-à-dire le corps du bâtiment, débarrassé de ses agrès, de ses menuiseries, de sa machine, de ses approvisionnements, et qui forme en réalité la partie essentielle et constitutive du bateau, nous occupera tout d'abord.

La coque d'un navire est un solide creux, limité par des surfaces extérieures qui varient suivant le service auquel est destiné le bâtiment, et combinées de façon à satisfaire à un grand nombre de conditions souvent contraires. La forme d'un bateau est donc, en quelque sorte, la résultante des proportions répondant le mieux à ces diverses exigences : en un mot, c'est une moyenne que l'on doit choisir en vue d'obtenir les meilleurs résultats pratiques.

Avant de traiter ce sujet, il est indispensable de donner quelques définitions résumées ci-après, et qui sont nécessaires à l'intelligence des chapitres suivants.

Définitions. — On appelle *carène* la partie de la coque qui est immergée. Pour un même navire, la *profondeur de carène* est proportionnelle au chargement. En langue nautique, le mot *œuvres vives* est synonyme de carène, par opposition aux *œuvres mortes* qui désignent l'*accastillage* ou partie émergée.

Le *déplacement* est le poids de l'eau dont la carène occupe le volume; d'après le principe d'Archimède, il est égal au poids total du bâtiment au moment considéré.

La *flottaison* est l'intersection du plan d'eau avec la coque du navire; elle limite donc la carène à sa partie supérieure.

Les *sections horizontales* sont les figures obtenues par l'intersection avec la carène de plans parallèles à la flottaison.

Les *sections verticales* sont déterminées par des plans transversaux qui coupent la coque suivant une section droite.

Le *maître-couple* est une section verticale pratiquée dans la plus grande largeur du navire, généralement au milieu, La *surface du maître-couple* est l'aire de cette figure au-dessous de la flottaison.

On appelle *finesse du maître-couple* le rapport de la surface du maître-couple à celle du rectangle enveloppant, lequel a pour base la plus grande largeur du navire à la flottaison, et pour hauteur la profondeur de carène. Le maître-couple est d'autant plus fin que ce rapport est plus petit.

On nomme *acuité* le rapport du volume de carène à celui d'un cylindre ayant pour base la partie immergée du maître-couple, et pour hauteur la longeur du navire à la flottaison.

La finesse totale d'une carène est le produit de l'acuité par le coëfficient de finesse du maître-couple, c'est-à-dire qu'elle exprime le rapport du volume de la carène à celui d'un parallélipipède, ayant comme base le rectangle circonscrit au maître-couple immergé, et comme hauteur la longueur du navire à la flottaison. Ce rapport, qui permet de comparer les carènes des différents navires, est variable suivant la destination du bâtiment. Pour les paquebots très fins et rapides, il peut descendre jusqu'à 0.55, tandis qu'il atteint souvent 0.82 pour les charbonniers et les cargo-boats qui transportent des marchandises à faible vitesse. Cela signifie que le volume déplacé est, dans ces deux cas, les 0.55 ou les 0.82 d'un parallélipipède ayant même longueur, même largeur, et même profondeur que la carène considérée.

On désigne sous le nom de *perpendiculaires* les deux verticales passant par les extrémités du navire à la flottaison. La longueur d'un bâtiment est le plus souvent prise *entre perpendiculaires*.

On donne le nom de *plan des formes* à un tracé géométrique ayant pour but de reproduire exactement les formes d'une coque de bateau. Il se compose : d'une *élévation longitudinale*, d'un *plan*, et d'un *vertical*, où les diverses sections horizontales et verticales qui déterminent ces contours, sont pratiquées à des distances plus ou moins grandes les unes des autres suivant le degré d'exactitude requis.

Résistance qu'éprouve un navire dans sa marche. Propulsion. — Deux genres de résistance s'opposent à la marche d'un navire : 1° la *résistance directe*, ou travail absorbé pour diviser et déplacer la masse liquide; 2° l'effort créé par le frottement de l'eau sur la carène.

Ces résistances varient d'intensité suivant les différentes formes qu'affectent les navires; c'est à l'ingénieur d'en atténuer l'effet par un choix judicieux des lignes qu'il se propose d'adopter. De là résulte une meilleure utilisation de l'appareil moteur, ce qui se traduit, soit par un accroissement de vitesse, soit par l'adoption d'une machine plus faible et par conséquent moins coûteuse.

La première de ces résistances étant généralement la plus importante, les constructeurs se sont surtout attachés à la diminuer, quelquefois même aux dépens de la seconde qui, dans certains cas, peut devenir prépondérante. Nous citerons volontiers l'exemple de tel yacht à vapeur, à la fois très creux et très fin, fort bien compris du reste, auquel on avait ajouté une quille très haute pour accroître la stabilité et permettre l'emploi d'une hélice plus grande. Les essais de vitesse ne donnèrent pas les résultats espérés : on se rendit compte que la surface de carène, se trouvant augmentée d'une façon inusitée par l'addition de cet appendice, donnait lieu à un frottement considérable qui diminuait notablement le sillage. Ajoutons que cette source de résistance, relativement faible quand le navire est neuf, devient beaucoup plus sérieuse lorsque, après un certain séjour dans l'eau de mer, les œuvres vives se couvrent de coquillages et de végétations marines. C'est là, ainsi que nous le verrons plus loin, un des principaux inconvénients des navires en fer.

On parvient à diminuer la résistance directe, en donnant aux navires toute la finesse compatible avec leur destination. Cette finesse n'est limitée que par la nécessité d'obtenir un déplacement en rapport avec le poids du bâtiment, celui de sa machine et de sa cargaison. Aussi, les navires qui ne prennent que peu ou point de marchandises, comme les yachts, les avisos, sont-ils beaucoup plus fins que les charbonniers par exemple, pour lesquels la question de vitesse est sacrifiée aux exigences du chargement. D'ailleurs, la résistance croissant comme le cube de la vitesse, et l'utilisation diminuant en même temps dans une large mesure, il est bien évident qu'un bateau devra être d'autant plus fin qu'il sera destiné à un service plus rapide. Quiconque est un peu familiarisé avec la construction navale, sait que chaque type de navire est pour ainsi dire créé en vue d'une certaine vitesse qu'il n'est pas rationnel de dépasser. On peut évidemment obtenir de belles vitesses avec des bateaux à formes pleines, en y installant des machines très puissantes et en gaspillant le charbon ; mais, outre qu'elles entraînent des frais énormes, les allures rapides ne sont généralement pas nécessaires aux cargo-boats[1], surtout à ceux qui naviguent au cabotage.

Prenons pour exemple un charbonnier faisant les voyages de Cardiff à Saint-Nazaire. Comme les portes du bassin ne sont ouvertes qu'à pleine mer, deux fois par jour, pendant une heure, le navire, s'il est bien conduit, doit arriver en rade au moment précis d'entrer dans le port, après avoir accompli la traversée en cinq marées je suppose. Dans cette

---

1. On appelle *cargo-boat* tout steamer destiné uniquement au transport des marchandises. On en construit de fort grands ; ils ont généralement des lignes très pleines et leur vitesse, en charge, varie de 8 à 10 nœuds (le nœud est de 1852 mètres). Un *charbonnier* est en somme un cargo-boat, dont le chargement consiste habituellement en charbon.

hypothèse, il n'y aura pas de temps perdu et le capital que représente le bâtiment sera bien utilisé. Admettons maintenant qu'un steamer semblable, et partant à la même heure, soit muni d'une machine plus puissante : il fera la traversée en quatre marées et demie, mais à quoi bon ? Ne pouvant pénétrer dans le bassin, il ira mouiller en rade, et ne sera pas à quai plus tôt que le bateau précédent. On aura donc, sans aucun résultat pratique, brûlé plus de charbon que dans le premier cas. Augmentez encore l'appareil moteur objectera-t-on, et faites le voyage en trois marées. Fort bien ! mais alors, la machine sera énorme, elle coûtera fort cher, il faudra un personnel plus nombreux pour la diriger ; en outre, elle prendra une partie de la place d'un chargement réduit déjà par l'obligation où l'on est d'accroître la finesse du navire. De plus, votre vapeur sera un gouffre à charbon, et ruinera bien vite son armateur.

Nous avons vu que la force propulsive croissait comme le cube de la vitesse. Ceci est surtout vrai pour des sillages inférieurs à 15 nœuds environ. Passé ce chiffre, on ne connaît plus qu'assez imparfaitement les lois qui régissent le rapport de la vitesse à la puissance, et celle-ci suit une marche ascendante beaucoup plus rapide. Ainsi, un navire, même très fin, auquel il faudrait 300 chevaux pour filer 11 nœuds, en exigera 600 pour faire seulement 3 nœuds de plus, et au moins 1100 pour atteindre une vitesse de 16 nœuds. Tel cargo-boat, de 60 mètres de longueur, fera 9 nœuds avec une machine de 500 chevaux, alors que cette même puissance sera nécessaire à un torpilleur beaucoup plus petit et infiniment plus fin, pour un sillage de 19 milles [1].

Ces considérations, toutes sommaires qu'elles sont, montrent combien il est difficile d'atteindre les grandes vitesses à la mer, et font pressentir les forces énormes auxquelles il faut avoir recours pour les réaliser. Il y a quelques années à peine les vitesses de 14 nœuds étaient encore considérées comme exceptionnelles pour les plus grands paquebots. Dernièrement, on est arrivé à construire quelques transatlantiques qui peuvent filer de 19 à 20 nœuds — ce qui fait plus de 57 kilomètres à l'heure, — mais leur nombre est encore fort restreint et les montagnes de charbon qu'ils dévorent en rendent l'emploi souvent onéreux. Pour ne citer qu'un exemple, l'*Oregon*, qui appartenait hier encore à une des lignes de Liverpool à New-York, et l'un des deux ou trois paquebots les plus rapides du monde, brûlait 520 tonneaux de charbon par jour lorsque, marchant à toute vapeur, sa machine développait environ 12 000 chevaux; 520 tonneaux de charbon en vingt-quatre heures! Cela fait 13 333 kilogrammes par heure plus de 220 kilogrammes par minute!

---

1. Le mille marin, comme le nœud, est de 1852 mètres.

Cet aperçu permet d'entrevoir ce que coûtent les traversées rapides, et démontre l'intérêt majeur qu'ont aujourd'hui les armateurs à faire usage de machines économiques.

Proportions des navires à vapeur. — Depuis l'application de la vapeur à la navigation et l'adoption du fer ou de l'acier comme matériaux de construction, les formes et les proportions des navires se sont profondément modifiées.

Le steamer moderne est plus long et plus étroit que l'ancien voilier. Ainsi, on donne aux grands paquebots des longueurs de 150 à 175 mètres, soit 9 ou 10 fois leur largeur, proportions qui eussent été inadmissibles avec la construction en bois.

Les navires à vapeur se distinguent aussi par leur maître-couple à varangue plate, disposition qui permet de ménager un emplacement convenable à la machine ou aux chaudières et d'accroître le volume des cales. En outre, pour un même déplacement, ces bâtiments offrent une résistance moindre à la propulsion puisque, grâce à leur longueur plus grande, la surface du maître-couple peut être diminuée et l'acuité augmentée. Cet excédent de longueur est obtenu aux dépens des facultés giratoires, lesquelles n'ont plus l'importance qu'on y attachait dans la marine à voiles, alors que les virements de bord et les manœuvres diverses exigeaient une facilité d'évolutions bien supérieure.

Les vapeurs, plus étroits et plus aigus que les navires à voiles, fendent mieux la lame quand elle se présente par l'avant; leur tangage est plus doux et souvent d'amplitude moindre. Il est bon de remarquer qu'un navire doit être d'autant plus fin des hauts qu'il est surtout destiné à conserver sa vitesse dans une mer houleuse, quitte à engager son avant de temps à autre. Tels sont les *express-boats* qui portent la malle irlandaise et les bateaux à grande vitesse qui font, dans la Manche, le service des passagers entre la France et l'Angleterre.

Les bâtiments gros et courts font preuve au contraire d'une infériorité manifeste dès qu'ils naviguent par mauvais temps; ils ont des coups de tangage très durs, sont couverts d'embruns, et le choc d'une lame peut les arrêter momentanément.

Emploi du fer dans la construction des navires. — Tout le monde sait que le fer et l'acier sont aujourd'hui les seuls matériaux employés dans la construction des navires à vapeur et de la plupart des grands voiliers. Quant à leurs avantages respectifs, ils sont trop connus pour que nous nous y attardions, aussi nous contenterons-nous de les rappeler sommairement.

Comparé au navire en bois, le bâtiment à coque métallique est plus solide et présente des liaisons beaucoup plus complètes. Quelle que soit sa longueur, quel que soit le poids de son chargement, il n'a pas à craindre de déformations dans une mer agitée. Pour un même déplacement total, il est notablement plus léger et comporte des capacités intérieures plus vastes. Enfin, sa durée est incomparablement plus grande, et les réparations sont moins fréquemment nécessaires.

Cependant, les navires en fer ont leurs défauts. Le plus sérieux est le peu de résistance qu'opposent aux chocs extérieurs les tôles relativement minces qui constituent leur bordé. De là, une cause évidente de danger : une collision, même légère, le contact d'une pointe de rocher, peuvent déterminer dans la carène une déchirure qu'on ne saurait calfater immédiatement. On pare à cette éventualité en disposant dans le bateau des cloisons qui le divisent transversalement en un certain nombre de compartiments étanches, dont le volume devrait être tel que, l'un d'eux rempli, le bâtiment ne puisse couler.

Un autre inconvénient des navires en fer est la propriété que possèdent leurs œuvres vives de se recouvrir, dans l'eau de mer, de coquillages et de végétations très adhérentes qui font perdre beaucoup de vitesse, en raison du frottement plus grand que supporte la carène. Aucun des enduits que l'on a jusqu'ici préconisés pour la peinture des coques métalliques, n'est parvenu à faire disparaître ce défaut. Le seul remède efficace consiste à entrer le navire dans une forme sèche, deux fois par an au moins, pour y gratter sa carène et la peindre à nouveau.

Toutefois, ces inconvénients sont d'un ordre plutôt secondaire, et ne peuvent contre-balancer un instant les avantages incontestables que présente l'emploi du fer.

Les procédés Bessemer et Siemens-Martin permettant aujourd'hui de produire l'acier en quantité considérable et à bas prix, ce métal tend de jour en jour à remplacer le fer dans les constructions navales. L'acier présente naturellement les mêmes avantages que le fer, mais à un plus haut degré, puisque sa résistance, supérieure, entraîne une réduction notable des échantillons. Moyennant certaines précautions, il se travaille mieux et permet d'exécuter convenablement les parties les plus façonnées de la coque. En outre, comme le prix absolu de l'acier n'est pas sensiblement plus élevé et que la coque construite en ce métal est plus légère, on réalise par son emploi une économie réelle.

Éléments constitutifs d'une coque de navire. — Un navire se compose en réalité d'une enveloppe étanche ou *bordé*, consolidée intérieurement par des *membrures* qui reposent sur la *quille*. On peut, non sans raison, comparer cette structure à celle d'un animal gigantesque dont la peau correspondrait au bordé, les côtes aux membrures, et l'épine dorsale à la quille.

3

Beaucoup d'autres éléments importants entrent dans la composition d'un bâtiment, mais ils dépendent des précédents auxquels ils servent de liaison et de consolidation.

Les *membrures* (ou *couples*) désignées par la lettre A (fig. 3), sont généralement constituées par des cornières simples ou adossées, également distantes, perpendiculaires à la flottaison, et cintrées à chaud suivant des contours qui varient avec la position qu'elles occupent sur le plan longitudinal du navire. Elles sont rivées au bordé qu'elles soutiennent et dont elles déterminent la forme extérieure Les deux côtés d'une même membrure sont reliés, à leur partie inférieure, par une tôle verticale B appelée *varangue* dont le but est d'accroître la rigidité des fonds de la carène.

Les branches verticales de chaque couple sont réunies transversalement par des *barrots* en fer C qui maintiennent leur écartement et soutiennent le bordé des ponts. On dispose donc autant de rangées de barrots qu'il y a de ponts dans le navire.

On donne le nom d'*épontilles* à des colonnettes en fer rond D qui supportent les barrots vers leur milieu et les relient aux varangues. Elles s'opposent aux déformations du pont sous l'influence de charges trop fortes ou d'un coup de mer violent.

Dans le sens longitudinal, les varangues et les membrures sont rattachées à des *carlingues* en tôle et cornières qui s'étendent sur toute la longueur du

navire et assurent une liaison efficace des différentes parties. Les carlingues, dites *intercostales*,
sont formées par une succession de bouts de tôle
placés entre les varangues auxquelles elles sont
rivées. Ce dernier mode de construction est coûteux,

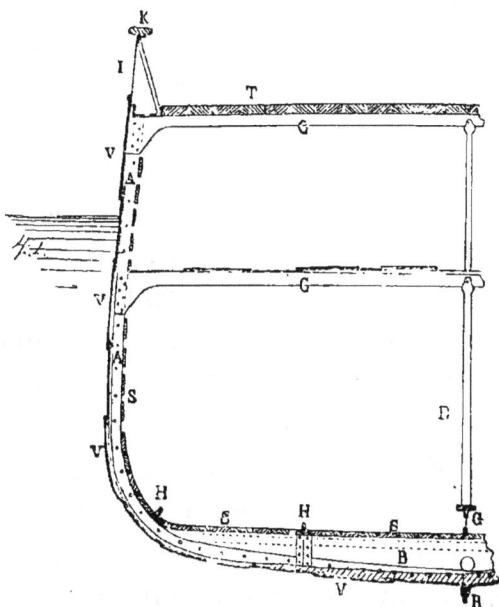

Fig. 5. — Demi-coupe au maître.

mais il présente une plus grande sécurité, parce
que les tôles intercostales empêchent les varangues
de se coucher, quand le navire vient à jouer pour
une raison ou pour une autre.

La *carlingue centrale* G est située dans l'axe au-
dessus de la quille; elle est toujours d'échantillon
plus robuste que les *carlingues latérales* H.

La charpente des très grands navires est généralement conçue dans un esprit un peu différent. Les membrures, au lieu d'être continues d'un bout à l'autre, sont coupées dans l'axe du bâtiment et viennent se river sur une lame de tôle verticale appelée *quille-carlingue*, laquelle règne sur toute la longueur et joue à la fois le rôle de quille et de carlingue centrale, d'où son nom.

Cette disposition, outre qu'elle amène une rigidité satisfaisante, a surtout pour but de faciliter le montage des couples de grandes dimensions.

Le *bordé* est constitué par plusieurs files de tôles parallèles V appelées *virures*, dont l'épaisseur est variable suivant les dimensions du bâtiment ou l'écartement des membres. Les virures se recouvrent deux à deux, sur leurs bords longitudinaux, d'une quantité suffisante pour qu'on puisse les réunir par un rivetage réglementaire; leurs abouts verticaux sont décroisés par des couvre-joints intérieurs. Elles sont toutes reliées aux cornières-membrures, et les joints en sont soigneusement matés afin d'assurer une étanchéité absolue. Le bordé est aussi rivé à la quille, à l'étrave, et à l'étambot.

La *quille* est formée d'un fer plat, laminé ou martelé, posé de champ. Elle se relève à l'avant pour former l'*étrave*; à l'arrière elle est assemblée à l'*étambot*, la plus grosse pièce de forge qui entre dans la construction d'un navire. Les étambots des transatlantiques atteignent des dimensions énormes (fig. 4), et leur poids dépasse quelquefois 25 000 kilogrammes.

La *cage* de l'étambot est la partie dans laquelle tourne l'hélice : l'*étambot avant*, où viennent abou-

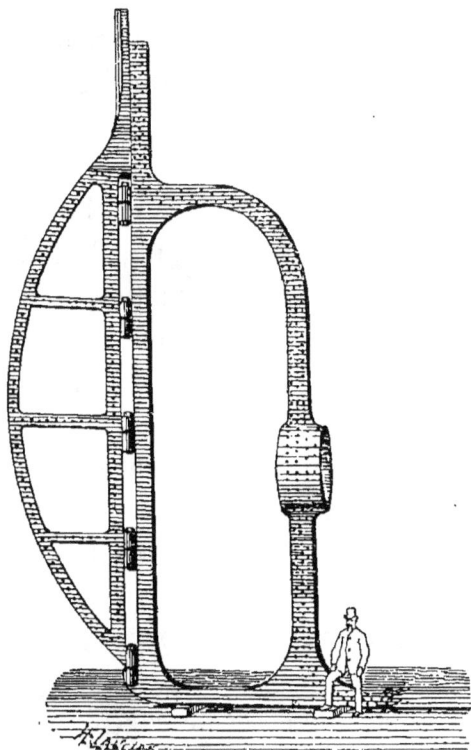

Fig 4. — Étambot et charpente du gouvernail.

tir les virures, est percé d'un œil que traverse l'arbre du propulseur ; l'*étambot arrière* porte les fémelots du gouvernail.

L'étambot est une pièce d'exécution difficile et qui se trouve soumise à des efforts violents par suite des trépidations de l'hélice et des vibrations du gouvernail: aussi les cas de rupture sont-ils fréquents.

Dans les bâtiments à tirant d'eau limité, on supprime la quille saillante: elle est remplacée par la dernière virure du fond, appelée *galbord*, dont on augmente un peu l'épaisseur. On dit alors que le navire est *à quille plate*.

Les *ponts* d'un navire n'ont pas seulement pour but de protéger les cales contre l'invasion des coups de mer et de l'eau de pluie, ils sont surtout un puissant élément de consolidation.

Le pont le plus élémentaire consiste en madriers jointifs, disposés en long, boulonnés aux barrots et calfatés.

Aujourd'hui, les navires de quelque dimension ont au moins un pont en fer composé de virures longitudinales posées à plat, puis rivées sur les barrots, et qui sont beaucoup plus minces que le bordé, afin de ne pas surcharger les hauts. On y ménage des ouvertures pour les panneaux de chargement, les capots de descente, etc.

Les ponts en tôle complètent la coque du navire qu'ils permettent d'assimiler à une poutre creuse, dont ils formeraient la semelle supérieure, tandis que les carlingues, la quille, et le bordé des fonds en seraient l'aile inférieure. On conçoit qu'un bâtiment, ainsi construit, soit doué d'une grande résistance à la flexion et puisse, sans déformation, naviguer avec un fort chargement dans une mer houleuse.

Le nombre des ponts varie avec les dimensions des navires; certains paquebots en ont quatre, dont deux entièrement bordés en fer.

Le pont supérieur est entouré, dans le prolongement du bordé, d'un garde-corps en tôle mince J, appelé *pavois*, qui porte à sa partie supérieure une *lisse* d'appui en bois K (fig. 5).

Les navires à *spardeck*, très répandus actuellement, sont ceux dont les échantillons des membrures subissent une réduction entre les deux ponts supérieurs. D'après les règlements, ils ne doivent embarquer dans l'entrepont correspondant que des passagers ou des marchandises légères. Le *pont principal* est alors situé sous le *pont spardeck*, plus léger, qui forme le pont supérieur. Ces bâtiments n'ont généralement pas de pavois : le garde-corps est formé par des chandeliers verticaux, espacés, que traversent des tringles en fer rond, et sur lesquels repose la lisse d'appui. Nombre de paquebots modernes sont construits dans ce système.

Depuis quelques années, on munit de *water-ballasts* les fonds de presque tous les vapeurs importants. On nomme ainsi des caisses à eau en tôle, de forte capacité, dont la partie supérieure, aplatie, forme le plancher de la cale. Ces caisses s'étendent sur une grande partie de la longueur du navire. Il est facile d'en comprendre le but.

Lorsqu'un steamer est destiné à naviguer sur
lest, ou du moins avec un chargement réduit, il
arrive souvent que son tirant d'eau soit trop faible
pour assurer à l'hélice un degré convenable d'immersion, ou pour que la stabilité soit satisfaisante.
On met alors les water-ballasts en communication
avec la mer ; quand ils sont pleins, on ferme cette
communication. Il s'introduit ainsi, dans le fond
du bateau, un lest d'eau qui peut avoir un poids
considérable[1]. Dès que le bâtiment, entré dans un
port, doit prendre un chargement, les water-ballasts sont vidés à l'aide d'une pompe à vapeur puissante. Cette opération, qui dure quelquefois moins
d'une heure est, on le voit, infiniment plus rapide,
plus simple et moins coûteuse que l'embarquement,
puis le débarquement d'un lest mobile en fonte ou
en pierres comme cela se pratiquait autrefois.

On ajoute souvent, aux extrémités avant et arrière,
des caisses à eau appelées *peaks*, plus hautes que
les water-ballasts, et qui montent jusqu'au pont
inférieur. En les remplissant ou en les vidant tour
à tour, il est facile de balancer le navire, c'est-à-
dire de lui donner la différence de tirant d'eau que
l'on veut obtenir.

L'intérieur des cales est garni d'un revêtement en
bois, boulonné sur les membrures, et qu'on nomme
vaigrage. Il s'oppose à ce que le chargement ne

---

1. La contenance des water-ballasts d'un grand paquebot peut
atteindre 900 tonnes.

puisse défoncer les tôles du bordé, et empêche surtout que les marchandises ne soient avariées par
l'eau qui séjourne ordinairement dans les petits
fonds.

Les *cloisons étanches*, toujours en tôle, sont disposées transversalement et rivées au bordé sur tout
leur pourtour. Elles sont armées, de distance en

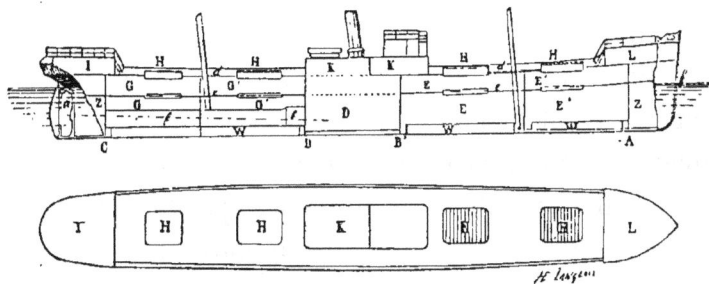

Fig. 5. — Coupe longitudinale et plan de pont d'un steamer.

distance, par des cornières verticales qui les rendent
capables de résister à la poussée de l'eau, au cas
où le compartiment qu'elles limitent viendrait à se
remplir.

Tout navire à vapeur comporte au moins quatre
cloisons étanches (fig. 5) : une, A, à l'extrême avant,
appelée cloison de collision ; deux autres B et B', qui
comprennent l'emplacement des machines ; la dernière enfin vers l'arrière, en C, recevant le presse-
étoupes de l'arbre d'hélice. C'est là, bien entendu,
un minimum, puisque les grands paquebots ont
jusqu'à *huit* cloisons étanches qui les divisent en
neuf compartiments distincts.

Ces cloisons portent des *vannes* que l'on peut manœuvrer du pont; elles sont ouvertes en temps ordinaire, afin que l'eau des différentes cales puisse s'écouler dans un puisard commun, où la pompe de la machine vient l'aspirer. Quand une voie d'eau se produit dans un des compartiments, on la localise immédiatement en fermant les deux vannes correspondantes.

Le pont supérieur des navires à vapeur présente le plus souvent des superstructures métalliques qui reçoivent diverses dénominations, suivant leur forme, leur emplacement ou leurs dimensions. On les appelle : *roofs* si elles ne règnent pas sur toute la largeur et sont de sections rectangulaires; *dunettes*, lorsque, situées à l'arrière, elles s'étendent jusqu'en abord; *gaillards* ou *teugues*, quand elles se trouvent à l'extrême avant dont elles épousent la forme. Enfin, on donne le nom de *château* à un grand roof central, dont les façades latérales sont formées par le prolongement des murailles du bâtiment.

Ces superstructures servent de logement aux officiers ou à l'équipage; elles abritent la partie supérieure des machines ou des chaudières, et contiennent des salons et cabines de passagers. On les munit de fenêtres, protégées en cas de mauvais temps par des châssis à persiennes.

Dans certains paquebots, le dessus des différents roofs est réuni par un pont léger qui sert de promenade.

Le pont supérieur, qu'il soit ou non en fer, doit être recouvert de madriers jointifs, boulonnés aux barrots et calfatés, formant un plancher étanche. A bord de quelques charbonniers construits économiquement, le pont en fer reste à nu, mais c'est une mauvaise pratique, car un tel pont devient très glissant lorsqu'il est mouillé et les hommes y sont exposés à des chutes constantes.

Les *soûtes*, disposées en travers, ou en long de chaque côté de la chambre de la machine, sont des espaces clos, limités par des cloisons en tôle mince, et dans lesquels on embarque le charbon nécessaire à une traversée. Les soutes communiquent, d'une part avec l'extérieur par des bouchons en fonte placés sur le pont et qui servent au remplissage, de l'autre avec la chaufferie par des portes à coulisse d'où l'on extrait le combustible au fur et à mesure des besoins.

Le *tunnel* protège l'arbre de l'hélice du contact de la cargaison et permet aux mécaniciens de quart, même quand les cales sont pleines, de visiter à toute heure la ligne d'arbre et les paliers qui la soutiennent.

Les *écoutilles* sont entourées d'un rebord en tôle plus ou moins élevé, appelé *hiloire*, dont le but est d'empêcher que l'eau, amenée momentanément sur le pont par un coup de mer, ne vienne surcharger les panneaux de fermeture et les défoncer.

Il importe de remarquer que les navires en fer

auraient une très faible durée, si l'on ne prévenait l'oxydation en recouvrant toutes leurs parties de deux ou trois couches de minium. Après cette opération seulement, on vient appliquer les peintures qui donnent aux différentes surfaces les couleurs définitives.

On enduit aussi intérieurement les fonds d'un revêtement en ciment de Portland qui sert de lest et protège les tôles, dont la corrosion serait rapide sous l'action des eaux saumâtres et graisseuses de la cale.

Terminons cette description, malheureusement bien sommaire, en disant que le poids de la coque nue d'un grand paquebot, sans armement, mâture ni accessoires d'aucune sorte, dépasse quelquefois le poids énorme de 4000 tonnes.

CHAPITRE III

L'ARMEMENT

L'armement d'un paquebot ou d'un navire du commerce est constitué par l'ensemble de tous les engins ou objets qui ne font partie, ni de la coque proprement dite, ni de la machine. Ainsi, la mâture, le gréement, les embarcations, les ancres, les emménagements, sont compris dans l'armement, bien que certains constructeurs placent ces derniers dans une section à part.

Rien n'est plus compliqué que l'armement d'un grand navire, et si les marins eux-mêmes voyaient, étalée sur un quai, l'immense quantité d'objets que l'on sait réunir, sans occasionner ni gêne ni embarras, dans un espace aussi restreint que l'intérieur d'un bâtiment, ils seraient assurément très surpris. Pourtant à bord, tout est si bien à sa place, tout répond à un besoin si évident, un tel ordre règne partout, que l'on ne se douterait pas de la multiplicité des objets entassés pour assurer la satisfaction des besoins.

Nous allons jeter un coup d'œil sur cet ensemble complexe, et nous essayerons, sans nous perdre dans les détails, de donner au lecteur peu familiarisé avec les choses de la mer, une idée générale de l'armement complet d'un grand steamer.

Il nous semble logique de commencer ce paragraphe par l'examen des ancres et des engins qui servent à les manœuvrer. Avant de décrire les appareils propulseurs des navires à vapeur, il est bon de dire un mot des moyens par lesquels on peut immobiliser un bâtiment, sur une rade ou dans un port, et de donner une idée sommaire des manœuvres dont dépendent souvent la sécurité de l'équipage et des passagers.

Ancres et chaînes. — Le but des ancres est, on le sait, d'amarrer les navires partout ailleurs que dans un bassin.

Les différentes parties d'une ancre sont : la *tige*, terminée d'un côté par la *cigale*, fort anneau qui reçoit la chaîne, et de l'autre par les *pattes*, les *oreilles* et le *bec*. La *tige* porte, près de son organeau, un renflement percé d'un trou dans lequel passe le *jas*. Ce dernier, mobile, est recourbé à une extrémité pour pouvoir être élongé le long de la tige ; il est muni, vers son milieu, d'un collet destiné à le maintenir lorsqu'on se dispose pour le mouillage. Une clavette et une rondelle concourent à fixer le jas à la tige.

Les ancres se font aujourd'hui entièrement en

fer. Comme tous les objets qui composent l'armement des navires, elles ont subi bien des perfectionnements. Ainsi, l'ancre *Trottman*, (fig. 6) est à bras
articulés et à jas mobile, ce
qui lui permet de mieux s'ac-
crocher sur le fond de la mer
et de s'arrimer plus facilement à bord.

Sur un grand bâtiment à
vapeur, on distingue : les *ancres de bossoir*, toujours suspendues sur les bossoirs, et
d'un usage courant ; les *ancres de veille*, de mêmes dimensions que les précédentes
qu'elles peuvent remplacer, et
amarrées à portée, près du
gaillard d'avant ; les *ancres*

Fig. 6. — Ancre Trottman.

s*à jet,* plus légères, pouvant être embarquées dans
un canot qui va les mouiller au point convenable :
elles servent au halage et à l'évitage des navires.

Les ancres de bossoir sont attachées à l'extrémité d'une chaîne composée de *mailles* ordinairement renforcées par un étai et divisée en bouts
de 50 mètres, réunis par des *manilles*, qui portent
le nom de *maillons*. La chaîne est attachée à la
coque du bâtiment, le plus souvent sur la carlingue
centrale, par une forte *étalingure* ; elle traverse la
muraille du navire, au-dessus de la flottaison par

un *écubier* en fonte placé près de l'étrave. Comme
il y a toujours deux ancres de bossoir ayant
chacune leur chaîne, tout bâtiment comporte deux
écubiers : un à tribord, l'autre à babord. Lorsque
les ancres sont à poste, la chaîne se replie sur elle-
même dans un compartiment spécial situé à
l'extrême avant, qui reçoit le nom de *puits aux
chaînes*. Les ancres, disposées pour le mouillage[1],
sont suspendues à bord chacune par le moyen d'un
petit appareil appelé *mouilleur*[2]. Celui-ci peut les
laisser échapper brusquement lorsque l'on vient à
couper une cordelette qui suffit à immobiliser
l'ensemble. L'ancre tombe ainsi à la mer, entraî-
nant sa chaîne par l'écubier même après qu'elle
a touché le fond.

Dès que l'officier chargé de la manœuvre juge
qu'on a filé assez de chaîne, il fait arrêter cette
dernière à l'aide du *stoppeur*. On appelle ainsi un
appareil en fonte, solidement relié au pont, qui
porte à sa partie supérieure un chemin de fer en
dos d'âne, dans lequel est pratiquée une cavité
ayant la forme d'une maille de la chaîne. Un levier,

1. On appelle *mouiller* une ancre, la laisser tomber à la mer en
filant de la chaîne.
2. Le mouilleur se compose d'une tige en fer, supportée par
deux pitons, dans lesquels elle tourne librement : les chaînes qui
suspendent l'ancre au mouillage sont passées dans deux doigts, aux
extrémités de cette tige. Il suffit de couper l'aiguilletage qui main-
tient le levier du mouilleur pour que les chaînes se dégagent brusquement et que l'ancre tombe à la mer.

placé sur le côté, sert à donner un mouvement
vertical au *pied-de-biche*, sorte de pièce métallique
qui vient, lorsqu'elle est levée, remplir la cavité
dont nous avons parlé. Si le pied-de-biche est
soulevé, la chaîne glisse dans le chemin de fer;
s'il est abaissé, un maillon tombe dans la cavité et
la chaîne se stoppe. On l'amarre ensuite à demeure
sur un anneau fixé au pont, à l'aide d'une *bar-
barasse*.

La longueur de la chaîne qu'on laisse dehors, ou

Fig. 7. — Guindeau à vapeur.

louée, est toujours très notablement supérieure à
la profondeur où l'on se trouve. De cette façon, le
navire tire obliquement sur son ancre qui se
croche aux aspérités du fond. Pour détacher
l'ancre, il suffira d'amener le bâtiment au-dessus
de cette dernière, en rentrant la chaîne à bord par
le moyen du guindeau.

Le *guindeau* est un treuil particulier, situé sur
le gaillard d'avant, et qui sert à agir sur la chaîne
pour déraper et remonter l'ancre; il est toujours mù
par la vapeur dans les steamers modernes (fig. 7)

4

Il se compose essentiellement d'un arbre horizontal portant à chaque extrémité une petite roue en fonte, ou *barbotin*, munie à son pourtour d'empreintes qui reproduisent en creux les mailles de la chaîne. On conçoit que celle-ci, passée dans cette couronne, en devienne pour ainsi dire solidaire, et que, si l'arbre vient à tourner, la chaîne se trouve appelée ; au sortir du barbotin, elle retombe dans le puits aux chaînes. Le mouvement de rotation est produit par une petite machine à vapeur à deux cylindres, avec intermédiaire d'engrenages. Un débrayage permet de communiquer le mouvement à l'une ou à l'autre des roues à empreintes, lesquelles correspondent chacune à la chaîne de l'une des ancres. On peut aussi, quand les feux ne sont pas allumés, actionner le guindeau à bras, à l'aide de grands leviers appelés *brimballes*, agissant sur une roue à rochet.

Le guindeau ne peut naturellement remonter l'ancre plus haut que l'écubier, et même un peu moins en pratique. Il faut alors avoir recours aux *bossoirs* qui servent à *caponner* et à *traverser* l'ancre, c'est-à-dire à l'élever à la hauteur du gaillard et à la mettre à poste. De chaque côté de l'avant se trouvent, tout à fait en abord, deux bossoirs, placés l'un derrière l'autre et formés d'une forte tige de fer recourbée en forme de grue ; ils surplombent la muraille du navire et peuvent tour-

ner sur eux-mêmes dans une douille en fonte [1].
Sur la tête de chacun de ces bossoirs est croché
un fort palan terminé par un croc avec lequel on
vient saisir l'ancre lorsqu'elle est amenée par le
guindeau dans les environs de la flottaison. Ces
palans, dont les garants peuvent être actionnés par
un cabestan à vapeur, sont destinés à élever l'ancre
et à la placer dans la position qu'elle doit occuper,
soit pendant la traversée, soit pour un nouveau
mouillage. Dans cette courte description, nous sim-
plifions beaucoup les opérations et nous omettons
volontairement les détails accessoires, dont l'énumération effrayerait le lecteur.

Autrefois, sur un vaisseau de guerre de premier
rang, il fallait 150 hommes, virant au cabestan,
pour relever l'ancre et la mettre à poste, et encore
plusieurs heures étaient-elles nécessaires pour
mener à bonne fin cette opération. Aujourd'hui,
grâce à l'emploi de la vapeur et à certains perfectionnements, cette manœuvre s'accomplit en
quelques minutes, avec le concours d'une dizaine
d'hommes seulement, même à bord des plus grands
paquebots dont les ancres pèsent au delà de
3500 kilogrammes chacune.

Dans le port, le navire est amarré à quai par des

1. Dans beaucoup de vapeurs de construction récente, les bossoirs sont remplacés par une grue unique, fixée au milieu du gaillard, et qui peut tourner au milieu de son axe, de telle façon qu'elle
se présente tour à tour à tribord ou à bâbord.

haussières ou des grelins qui, à bord, sont fixés à des *bittes*, sortes de grosses bornes en fonte boulonnées solidement à la charpente du pont.

On comprend, sans qu'il soit besoin d'insister, combien il est difficile, pénible et dangereux, de manœuvrer un transatlantique de 150 mètres de longueur dans un bassin, dans un chenal, à l'entrée d'un port. C'est une opération où l'appareil moteur ne joue pas souvent le principal rôle. Une machine de plusieurs milliers de chevaux n'obéit pas toujours avec la rapidité voulue aux différents ordres transmis par le commandant; il faut un temps appréciable pour la mettre en route, la stopper ou la ralentir, ce qui suffit pour que le steamer aille aborder un autre navire ou vienne se heurter contre un quai. Un tour d'hélice de trop, et des avaries graves se produisent. En outre, ces immenses coques, sous la simple influence du gouvernail ne peuvent tourner que suivant des cercles ayant plusieurs centaines de mètres de rayon. Ils obéissent mal à leur barre à cause de la vitesse nécessairement réduite dans les passes étroites et fréquentées; ils deviennent la proie du courant, ou le jouet du vent, auquel leur énorme masse et leur gréement offre une prise considérable. Il faut évidemment avoir recours à d'autres moyens qu'au propulseur ou au gouvernail. C'est alors qu'interviennent les treuils à vapeur que l'on fait agir sur des amarres attachées, soit à terre au bord des quais, soit à des *corps-morts* fixés à demeure sur le fond du port. Un commandant expérimenté peut ainsi manœuvrer son bâtiment comme il le désire, le faire virer sur place, le hâler à tribord, à bâbord, en avant, en arrière, dans le sens transversal, de la quantité qu'il veut.

Dans les ports, malheureusement trop rares en France, où les appareils de levage et les portes des bassins sont mus par puissance hydraulique, les manœuvres comme celles dont nous venons de parler se trouvent bien simplifiées. Sur les quais, des treuils verticaux, actionnés par l'eau sous pression que des conduites distribuent partout dans les docks, sont continuellement en mouvement. Il suffit d'y enrouler des amarres, pour agir sur le navire dans le sens voulu.

Gréement. — Bien que la mâture et le gréement ne soient que des accessoires à bord d'un steamer, ils méritent toutefois de fixer l'attention, car ils peuvent, dans nombre de cas, devenir la sauvegarde du bâtiment; sans compter qu'ils ajoutent beaucoup à la grâce et à la beauté d'un navire, ils constituent à peu près le seul trait d'union qui rattache l'ancienne à la nouvelle marine et sont souvent un auxiliaire sérieux de la vapeur.

Supposez qu'un transatlantique soit en plein océan, désemparé de sa machine. Qu'adviendra-t-il si sa voilure ne lui vient en aide? Ballotté par les lames, par le vent, entraîné par les courants, il

sera le jouet des éléments; qu'une tempête sur-
vienne et sa perte est imminente. Les vagues
furieuses, déferlant contre cette masse inerte, briseront tout à bord et, si la côte n'est pas loin,
l'énorme coque court bien des risques d'aller s'y
briser : passagers et marchandises seront la proie
des flots. Si au contraire le commandant, disposant
d'une bonne voilure, la met en jeu dès qu'il a con-
naissance d'une avarie grave dans sa machine, il a
toutes les chances possibles de sauver son navire.
Ou bien, il regagnera à petites journées le port le
plus proche; ou bien, profitant du vent pour animer
son bâtiment d'une vitesse qui lui permette encore
de le diriger, il attendra sans danger qu'un autre
paquebot vienne à passer et lui donne la remorque.
Ce sont là, fort heureusement, des circonstances
assez rares, mais, dans l'état ordinaire des choses,
la voilure n'en rend pas moins d'incontestables
services à un steamer. Si le vent adonne, on pourra
soulager la machine et augmenter d'autant la vitesse; si la mer est grosse, la voilure appuiera le
navire, comme disent les marins, et atténuera
beaucoup l'amplitude de son roulis. Inversement,
les inconvénients d'un gréement trop complet sont
évidents : par fort vent debout, il forme un réel
obstacle à la marche et entraîne une diminution
notable de la vitesse. En outre, le prix de revient
est plus élevé et le poids de l'armement sensiblement
augmenté.

Bref, toutes ces conditions étant pesées, voici, sauf exception, dans quelle mesure la question de réement et de voilure est le plus généralement résolue. Les vapeurs au-dessous de 90 à 100 mètres de longueur ne portent ordinairement que deux mâts; si ce sont de petits caboteurs, le gréement sera simplement celui d'une goélette latine ; si ce sont des longs-courriers, le mât de misaine portera des voiles carrées : un hunier et un perroquet (fig. 34). Quand les dimensions dépassent le chiffre que nous venons d'indiquer, ou bien les deux mâts portent des phares carrés, ou bien on ajoute un troisième et même un quatrième mât. La figure 8, qui représente un transatlantique naviguant au plus près, toutes voiles dehors, donne une idée très complète du gréement d'un grand paquebot moderne[1]. Les trois mâts de l'avant, seuls, sont munis de voiles carrées : basse voile, hunier, perroquet ; le mât d'artimon ne comporte qu'une brigantine ; le mât de misaine peut gréer un foc, une trinquette, et une voile goélette comme les autres mâts. Une semblable voilure est très suffisante pour servir d'auxiliaire puissant à la machine et, dans le cas où celle-ci viendrait à manquer, pour communiquer au bâtiment une vitesse de trois à quatre nœuds, par belle brise.

Les mâts des paquebots sont toujours en fer ou

1. Voir aussi figures 1 et 31.

en acier, du moins dans leur partie basse. Ils sont
le plus souvent à *pible*, c'est-à-dire d'un seul jet de
l'emplanture à la pomme. Tout le gréement dor-
mant est en fil de fer ou d'acier. Ordinairement
aussi les vergues sont métalliques et composées,
comme les mâts, de tôles cintrées et rivées con-
stituant en quelque sorte un tube rigide.

A bord de ces grands bateaux, montés par un
équipage très réduit, les treuils à vapeur sont d'un
grand secours pour la manœuvre des voiles, qu'ils
servent à hisser ou même à carguer.

Il ne serait pas surprenant qu'un jour vienne, où
la voilure des transatlantiques à grande vitesse soit
supprimée, comme elle l'est à bord de certains
cuirassés. Déjà, beaucoup de paquebots à roues ne
sont gréés que de mâtereaux destinés seulement à
porter les fanaux ou à montrer les pavillons de
signaux. Toutefois, pour des raisons développées
plus loin, cette réforme ne sera possible qu'après
l'adoption générale, sur ces bâtiments, d'hélices
jumelles[1].

En ce qui concerne les navires de transport, il
est peu probable que leur mâture soit jamais appelée à disparaître, car cette dernière a pour but,
moins de porter une voilure, que de servir d'appui
aux cornes de charge qui remplissent, comme nous
allons le voir, l'office de grues pour l'arrimage ou
le débarquement des marchandises.

1. Voir le chapitre intitulé *Les Propulseurs*.

Fig. 8. — Un transatlantique sous voiles.

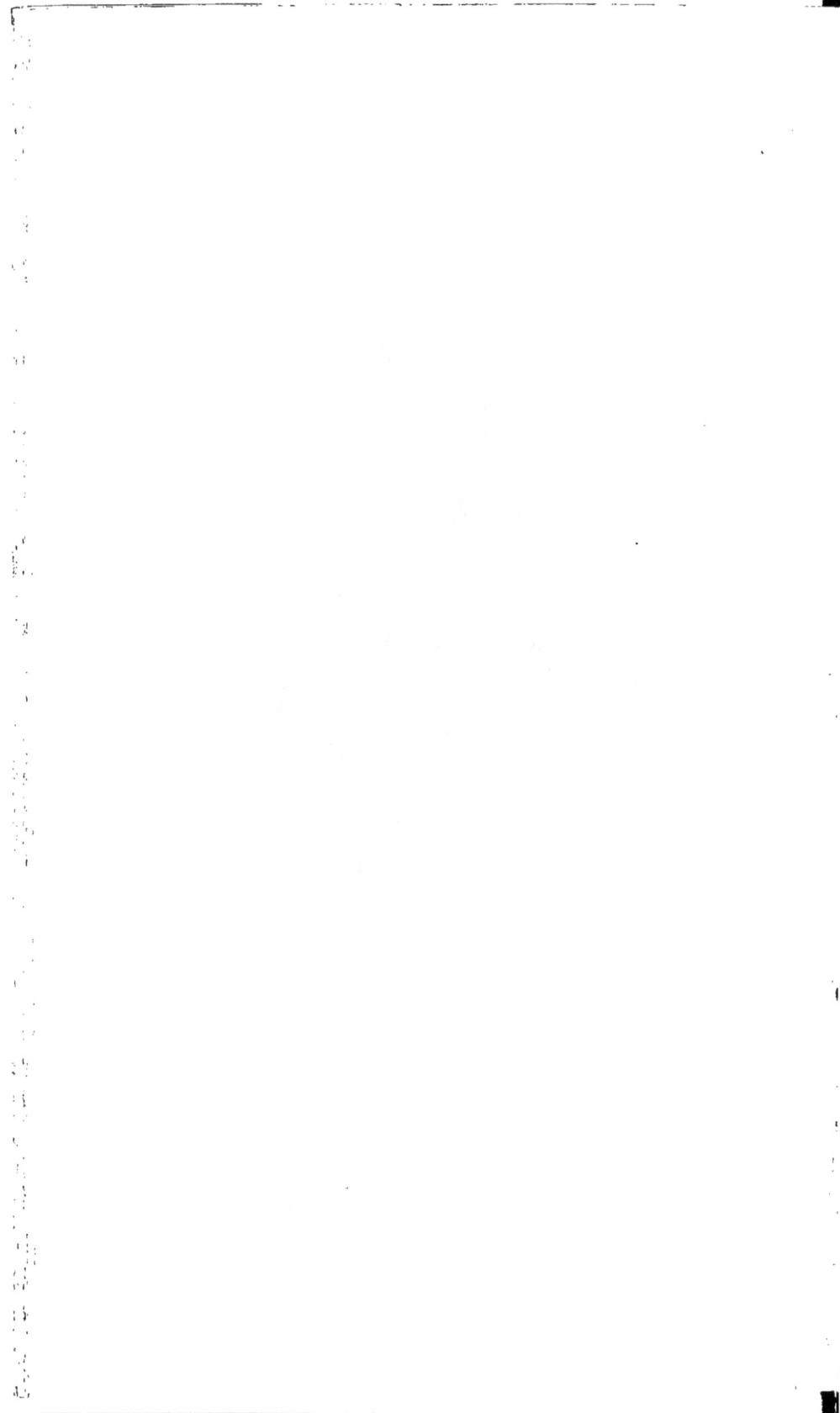

Appareils de déchargement. — Examinons brièvement comment se font, à bord, le chargement et le déchargement des marchandises, opérations capitales dans la marine commerciale et qu'il importe de faire avec la plus grande célérité.

Par le travers des cales, les ponts sont percés de larges ouvertures, appelées écoutilles qui, à la mer, sont fermées de panneaux en bois consolidés par des poutres métalliques et recouverts d'une bâche imperméable. Une fois dans un port, veut-on retirer des cales les marchandises qu'elles contiennent, ou en embarquer de nouvelles? on démonte les panneaux d'écoutille, puis on allume la chaudière des treuils et l'on prépare les cornes de charge. Les écoutilles sont disposées de telle sorte qu'elles soient à proximité des mâts qui servent de point d'appui aux appareils de levage. Chacun des mâts porte, à environ deux mètres du pont, un fort collier en fer, solidement boulonné, muni d'une crapaudine dans laquelle est articulé le pivot de la corne de charge. On appelle ainsi une sorte de volée en bois, inclinée et retenue par sa tête à une chaîne solidaire du mât proprement dit; elle est assez longue pour que la projection de son extrémité tombe au moins au milieu du panneau, ou déborde la muraille du bâtiment de quelques mètres, suivant la position qu'on lui fait occuper, en imprimant un mouvement de rotation autour de son point de suspension. L'extrémité supérieure du mât de charge porte une poulie dans laquelle passe la chaîne destinée au déchargement ; elle va s'enrouler sur ce treuil à vapeur, après avoir traversé une seconde poulie, fixée près de l'articulation du système. Dès que le colis que l'on manœuvre est arrivé à quelques mètres au-dessus du panneau, on fait tourner la corne de charge d'un quart de révolution autour du mât. Le fardeau se trouve ainsi suspendu en dehors ; on le laisse retomber doucement, soit sur le quai, soit dans un chaland amarré contre le steamer. L'opération inverse a lieu quand il s'agit d'embarquer une marchandise.

A chaque mât de charge et à chaque écoutille correspond un treuil à vapeur. Ces engins affectent le plus souvent la disposition suivante : Un socle en fonte, boulonné au pont, porte deux petits bâtis verticaux qui servent à maintenir et à relier l'arbre du treuil proprement dit aux arbres des engrenages intermédiaires et de la machine motrice. Cette dernière est un petit appareil à vapeur à deux cylindres horizontaux ou inclinés, dont les manivelles sont calées à angle droit. L'arbre moteur tourne à la vitesse de 500 ou 400 tours par minute, ce qui permet de diminuer le poids et les dimensions de la machine ; le mouvement de rotation est transmis au tambour du treuil, sur lequel s'enroule la chaîne de charge par des engrenages réducteurs. On manœuvre le tout au moyen d'un levier de changement de marche et d'un frein à pédale. Généralement, un ou deux des arbres du treuil se terminent, de chaque bord, par une *poupée*, grosse bobine en fonte, sur laquelle on vient enrouler les amarres pour les manœuvres dont nous parlions plus haut.

Un cargo-boat de 1000 à 1500 tonneaux porte généralement quatre écoutilles, desservies chacune par un treuil et une corne de charge. Si l'éloignement des mâts ne permet pas d'installer une de ces cornes pour un quelconque des panneaux, on a recours à l'emploi d'une grue à vapeur, analogue à celle que l'on peut voir sur les quais, dans les ports, tournant autour d'un pivot enchâssé dans le pont. L'homme qui manœuvre l'appareil se tient debout sur une plate-forme qui tourne avec la grue.

Malgré la rapidité de leur fonctionnement, ces engins de levage ne suffisent pas toujours pour satisfaire aux exigences que la concurrence et la multiplicité des transactions leur imposent. En outre, le bruit assourdissant et les violentes trépidations qu'ils produisent sont aussi nuisibles à la conservation du bâtiment que désagréables aux personnes qui séjournent à bord. Aussi quelques steamers, très perfectionnés et de construction toute récente, ont-ils été munis d'appareils de déchargement hydrauliques, analogues à ceux que l'on rencontre aujourd'hui dans tous les grands ports.

Comme exemple d'une semblable installation. nous citerons celle qui a été faite à bord du *Quetta*, grand cargo-boat de 115 mètres de longueur et de 5500 tonneaux. Dans ce navire, toutes les manœuvres sont opérées par l'eau sous pression, même celles des ancres, du gouvernail et des portes étanches. Nous insistons plus particulièrement sur ce sujet parce qu'il nous paraît être un très notable perfectionnement dont l'avenir ne saurait être mis en doute.

Une machine à vapeur compound de 100 chevaux, verticale, refoule, au moyen de pompes à piston plongeur, l'eau dans le cylindre d'un accumulateur, par l'intermédiaire d'une boîte à clapets et d'un tuyau de refoulement. Le piston de l'accumulateur est constamment pressé de haut en bas par la vapeur de la petite chaudière, agissant sur un piston fixé à la même tige. La pression de la vapeur étant de 5ᵏ,5 et celle de l'eau dans les conduites devant être de 55 atmosphères, les surfaces des deux pistons à vapeur et hydraulique, sont dans le rapport de 10 à 1. Un système très ingénieux de valves et de leviers empêche l'appareil de se désamorcer, évite les rentrées d'air, et rend le fonctionnement automatique. L'appareil moteur comporte un condenseur indépendant et une pompe à air. Une conduite, partant de l'accumulateur, distribue en différents points du navire l'eau en pression. Le but de l'accumulateur est d'emmagasiner un certain volume de liquide, de régulariser son débit et sa pression, ce qui n'aurait pas lieu si les pompes

étaient greffées directement sur le tuyau distributeur.

Les appareils de levage employés à bord du
Quetta sont de deux sortes : les uns sont à mouvement circulaire continu comme les treuils ordinaires ; les autres, plus
simples, sont à mouve-
ment alternatif. Nous ne
nous occuperons que de
ces derniers. Un cylin-
dre hydraulique, à fai-
ble course, est disposé
verticalement en D sous
la corne de charge (fig. 9).
Son extrémité supérieure
porte de robustes poulies
qui composent, avec d'au-
tres poulies fixées à de-
meure sur la plaque de
fondation, une sorte de
moufle dont le garant G
constitue la chaîne de
charge. Ce palan est dis-
posé de façon qu'un très

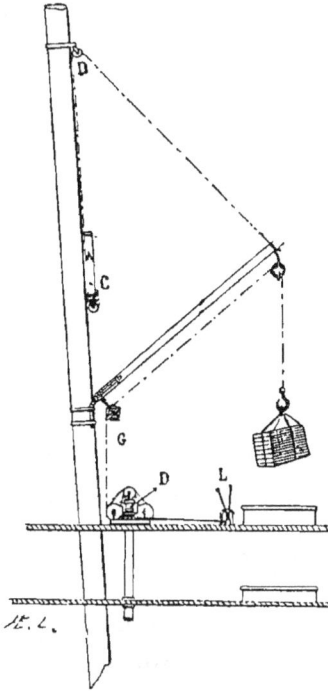

Fig. 9. — Appareils hydrauliques
pour le déchargement des colis.

faible déplacement du piston dans le sens vertical
corresponde à un chemin beaucoup plus grand parcouru par le colis que supporte la chaîne. Un autre
appareil hydraulique, figuré en A, permet de régler
l'inclinaison de la volée ; celle-ci tourne également

autour de son pivot, grâce à un cylindre hydraulique. Des leviers, placés à proximité du panneau, servent à la manœuvre : montée, descente du fardeau, arrêt, mise en train, rotation de la corne. Quand l'eau a agi dans les appareils, elle est ramenée dans la bâche qui alimente les pompes. C'est donc toujours la même eau qui est utilisée.

Le *Quetta* porte six grues ou treuils pouvant enlever chacun 1500 kilogrammes à une hauteur de 20 mètres ; certains de ces engins sont susceptibles de s'accoupler deux à deux et soulèvent ainsi 5000 kilogrammes. La vitesse ascensionnelle du fardeau est très considérable : elle atteint jusqu'à 2 mètres par seconde. On a pu, à bord de ce navire, décharger en dix heures, sans bruit ni trépidations d'aucune sorte : 1160 tonnes de riz et 150 tonnes de café. C'est à coup sûr un beau résultat.

Timonerie. — Le gouvernail et les appareils servant à la manœuvre sont peut-être les plus importants parmi ceux qui composent l'armement d'un steamer. C'est pourquoi tous les constructeurs se sont attachés à perfectionner le jeu de ces organes de façon à les rendre plus maniables, plus sensibles, et surtout moins sujets à la destruction.

Un bâtiment désemparé de son gouvernail n'est plus qu'une épave errant à la merci des vents et des courants.

Un gouvernail est une surface plane, de forme et

de dimensions variables, composé d'une charpente
en fer forgé, recouverte de tôle, qui peut recevoir
un mouvement de rotation limité au moyen d'un
arbre très robuste appelé *mèche*. Il tourne sur des
pivots ou *aiguillots* situés dans le prolongement de
la mèche. Les aiguillots sont passés dans des œils
ou *fémelots* venus de forge avec l'étambot. Le sens
ou le degré dont le gouvernail est incliné, par rapport au plan médian vertical du navire, détermine
le bord sur lequel celui-ci vient abattre et la proportion dans laquelle ce mouvement se produit. Le
gouvernail, tout le monde le sait, est placé verticalement, immédiatement derrière l'étambot. La
mèche traverse, dans un presse-étoupe étanche, le
bordé du bâtiment à la partie inférieure de la voûte
qui le termine vers l'arrière. Il s'agit de commander cet arbre par des moyens mécaniques qui fas-
sent du gouvernail un esclave docile.

A cet effet, sur le sommet de la mèche, est cla-
veté un secteur en fer A (fig. 10) où sont fixées deux
chaînes B, G, bien tendues, appelées *drosses*, l'une
à tribord, l'autre à bâbord, qui vont, par leurs
autres extrémités, s'enrouler sur le tambour d'un
treuil. Celui-ci est mû, souvent avec intermédiaire
d'engrenages, par une roue en bois dont la forme
est bien familière à toutes les personnes qui ont vi-
sité un port de mer. C'est sur cette roue qu'agit le
timonier; quand il lui imprime un mouvement de
rotation dans un sens, le secteur et le gouvernail

sont appelés de ce côté, et le bateau vient du même bord.

On conçoit que la longueur des drosses puisse être quelconque, et qu'il soit aisé de fixer l'appareil à gouverner à l'endroit du pont où on le juge convenable. Ainsi, dans les steamers, cet engin est placé sur le château central ou sur la passerelle.

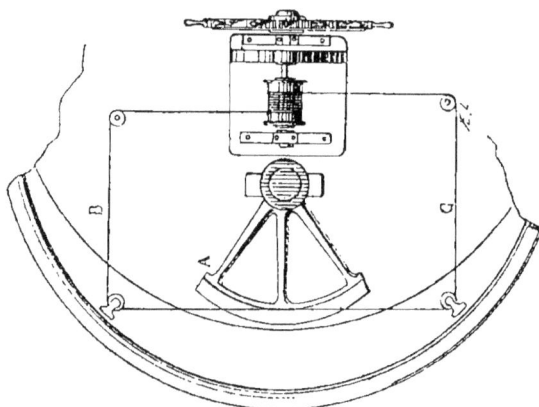

Fig. 10. — Manœuvre du gouvernail. — Plan horizontal.

Le timonier découvre mieux l'horizon que s'il était relégué à l'arrière où les superstructures du pont lui cacheraient la vue. En outre, il se trouve plus à portée pour recevoir les ordres de l'officier de quart.

Quelquefois, l'appareil que nous venons de décrire se trouve remplacé par une commande d'un genre particulier, située immédiatement au-dessus de la mèche du gouvernail et qui transmet à ce dernier le mouvement de la roue à bras par le

moyen d'une forte vis, de bielles et de leviers. Dans
les transatlantiques, cette manœuvre à vis porte
jusqu'à trois grandes roues, fixées sur le même
axe, qui peuvent être actionnées simultanément
par six hommes ; elle est abritée par un roof où
se trouvent les compas de route et un cadran
de télégraphe répétant les ordres que le commandant transmet de la passerelle. Les hommes de
barre ne gouvernent absolument que sur les commandements qui leur sont donnés à tout instant.
Dans ce cas, ils ne peuvent même pas distinguer le milieu du navire, et, à plus forte raison,
les obstacles qui se présentent à l'avant. Aussi
cet appareil à gouverner n'est-il mis en œuvre
qu'en cas d'avaries survenues à celui de la passerelle.

A bord des steamers qui atteignent ou dépassent
40 ou 50 mètres de longueur, le gouvernail est
presque toujours mû par la vapeur. Les appareils
mécaniques permettent seuls de manœuvrer avec
la promptitude désirable, surtout lorsqu'il s'agit
de ces immenses transatlantiques montés par un
équipage réduit.

Les appareils à gouverner à vapeur, dont il existe
aujourd'hui un grand nombre de modèles, s'appellent *servo-moteurs* ou *moteurs-asservis*, et reposent à peu près tous sur le principe que nous
allons énoncer. Les premiers de ces engins furent
construits par notre compatriote M. Farcot.

Les conditions que doit remplir un servo-moteur sont les suivantes :

Manœuvrer la barre du gouvernail à la volonté du timonier sans qu'il ait à développer un violent effort physique; suivre les mouvements qu'il imprime à la roue du gouvernail; se stopper quand cette dernière s'arrête; se remettre en route quand elle tourne à nouveau : mettre la barre sur bâbord quand on tourne le volant dans un sens; la mettre sur tribord quand on imprime à ce volant un mouvement de rotation en sens contraire. A cet effet, la roue de manœuvre est montée sur une vis reliée par un engrenage au treuil de l'appareil; elle commande elle-même, grâce à un écrou différentiel, le changement de marche de la petite machine du moteur asservi, et peut se déplacer sur cette vis, en tournant de quelques centimètres. Quand la roue est à bout de course d'un côté, la machine tourne dans un sens; quand elle est à bout de course du côté opposé, la machine tourne dans l'autre sens; quand elle est au milieu de sa course, aucun mouvement ne se produit : la distribution est au point mort. Partons si vous le voulez de cette position qui correspondra, pour l'instant considéré, à *barre droite*. Supposons que le timonier veuille porter à tribord l'avant de son navire. Il imprimera doucement à la roue un mouvement de rotation, les coulisses du changement de marche seront déplacées, le moteur se

mettra en route, actionnera le tambour du treuil,
et, par l'intermédiaire des chaînes, agira sur la
barre dans le sens déterminé. Lorsque l'opérateur
jugera que le mouvement s'est produit dans la mesure voulue, il cessera de tourner la roue. Le moteur s'arrêtera presque instantanément parce que
l'écrou différentiel sera ramené vers sa position
moyenne; la vis fera en effet avancer l'écrou (qui
ne tourne plus) jusqu'à ce que le changement de
marche soit dans la position correspondant au
point mort pour lequel tout mouvement cesse de
se produire. L'inverse aura lieu quand on fera
tourner la roue de manœuvre dans l'autre sens.

Pratiquement, ces appareils se réalisent de bien
des façons différentes, mais les constructeurs s'at-
tachent généralement à produire des engins puissants, présentant le minimum d'encombrement,
faciles à conduire, simples et robustes, et fonctionnant le plus silencieusement possible.

La figure 11 représente un des *servo-moteurs* les
mieux combinés. D'autres tiennent moins de place,
mais peu ont un fonctionnement aussi sûr et aussi
parfait. Deux petits bâtis verticaux, en fonte, supportent à la fois la machine qui est du type horizontal à deux cylindres, le tambour sur lequel
viennent s'enrouler les drosses, les arbres intermédiaires et les engrenages. A droite du dessin, au-
dessus des cylindres, se trouvent, dans une boîte,
l'écrou différentiel et la commande du changement

de marche. Vers la gauche, se voient les deux roues
de manœuvre ; la plus petite commande le moteur
asservi ; la plus grande est employée pour actionner
le gouvernail à la main lorsque l'on ne peut pas
faire usage de la vapeur, elle est débrayée quand on
se sert du servo-moteur, afin que ses manettes, en
tournant, ne puissent blesser le timonier. Dans
d'autres systèmes, la même roue sert pour la manœuvre à vapeur ou à bras ; un simple débrayage
permet de passer en quelques secondes d'un mode
de fonctionnement à l'autre. Quelquefois, la petite
machine motrice est verticale ou inclinée ; les
cylindres sont tantôt fixes, tantôt oscillants, mais
ils sont toujours au nombre de deux, agissant sur
des manivelles à 90 degrés, de façon que l'appareil,
une fois stoppé, puisse démarrer dans toutes les
positions. Un certain nombre de maisons françaises
ont créé, pour les torpilleurs, des modèles d'appareils à gouverner à vapeur qui sont très bien étudiés, occupent une place restreinte, et pèsent au
plus 75 kilogrammes.

Les nouveaux paquebots de la Compagnie Transatlantique sont munis d'appareils à gouverner fort
ingénieux qui développent une puissance de 100 chevaux, exercent sur la drosse un effort de 16 tonnes,
et pèsent 7000 kilogrammes. Le principe de l'asser-
vissement diffère notablement de celui que nous
venons d'examiner. Le timonier, agissant sur un
petit volant en bronze, met immédiatement au

point voulu, une aiguille qui se meut sur un cadran divisé en degrés correspondant à ceux dont on veut tourner le gouvernail. La machine se met immédiatement en route et se stoppe elle-même aussitôt que

Fig. 11. — Appareil à gouverner à vapeur.

la barre a décrit l'angle indiqué sur le cadran. L'opérateur n'a donc pas à suivre le mouvement de la machine; il lui suffit de donner du premier coup le degré de barre qu'on lui commande. Ce but est atteint au moyen de deux tiroirs superposés, mus, l'un par la roue de manœuvre, l'autre par la machine motrice. Le premier de ces tiroirs reçoit du timonier un déplacement proportionnel à l'angle que l'on veut donner à la barre. Les deux tiroirs portent des orifices et des pleins qui peuvent se correspondre ou s'alterner ; lorsque la machine se met en route, elle communique au second tiroir un mouvement de même sens que celui du tiroir à main, jusqu'au point pour lequel les orifices des distributeurs se masquent mutuellement, ce qui correspond au moment précis où le gouvernail a atteint l'angle voulu : la vapeur ne pouvant plus passer, tout mouvement s'arrête.

Ordinairement, le servo-moteur est placé dans une chambre spéciale, vers le milieu du navire et sous la passerelle. Les drosses courent sur le pont, en abord, et reposent sur des petites poulies espacées de quelques mètres.

A bord des navires qui sont munis d'appareils hydrauliques comme ceux que nous avons décrits plus haut, le gouvernail est également mû par l'eau sous pression. Deux cylindres commandent directement la barre au moyen de bielles et de leviers. Un appareil distributeur, placé sur la passerelle, et contrôlé par une manette que le timonier tient à la main, permet d'envoyer le fluide moteur dans l'un ou l'autre de ces cylindres, suivant le bord où l'on veut mettre la barre. Il suffit de placer la manette dans sa position moyenne ou de cesser d'agir sur elle, pour que le gouvernail soit solidement maintenu dans la position qu'il occupe. Un *axiomètre*, cadran métallique divisé que parcourt une aiguille mise en relation avec le gouvernail par une transmission, et placé sous les yeux du timonier, indique à chaque instant le degré dont la barre est tournée dans un sens ou dans l'autre. Les moteurs asservis à vapeur sont également munis de cet instrument.

Pour éviter que les coups de mer qui viennent briser contre le gouvernail n'exercent sur l'appareil des chocs trop brusques, on interpose souvent entre ce dernier et la barre, sur les drosses, de puissants ressorts à boudin.

Ainsi que nous le mentionnerons à propos de la *Champagne*, les paquebots portent toujours, par prudence, plusieurs genres d'appareils à gouverner : l'un, à vapeur, placé vers l'avant, doublé d'une manœuvre à bras ; l'autre, à vis, situé à l'arrière ; un troisième enfin, pouvant actionner directement la mèche à l'aide de palans frappés sur une poulie de grand diamètre : ce dernier n'est utilisé qu'au cas où les deux premiers auraient subi des avaries graves.

On devine combien la transmission des ordres devient difficile, à bord d'un grand steamer. La voix humaine est impuissante et ne peut se faire entendre, souvent à plus de cent mètres de distance, au milieu des bruits multiples du vent, de la mer, des machines, des treuils virant les amarres. Aussi, les commandements se font-ils toujours à l'aide de télégraphes qui, disons-le, n'ont rien d'électrique. Sur la passerelle, se trouve un cadran ordinairement vertical, soutenu, à un mètre de hauteur environ, par une colonnette en cuivre. Ce cadran peut être parcouru par une manette à portée de l'officier de quart ; il est relié par de petites chaînes, des tringles ou des engrenages, à une aiguille qui se meut sur un cadran, similaire, et semblablement divisé, placé dans la chambre des machines. Un timbre retentit chaque fois que l'on imprime un mouvement à la poignée de l'instrument, afin d'appeler l'attention du mécanicien qui, jetant les yeux sur le cadran, y lit immédiatement l'ordre transmis. Les deux cadrans portent, en toutes lettres, les différents commandements que l'on puisse donner à la machine : *en avant, en arrière, stoppez, doucement, plus vite, en route, attention,* etc. Il suffit de mettre la poignée du télégraphe vis-à-vis de l'un de ces mots pour qu'il soit immédiatement répété par l'aiguille indicatrice placée près de l'appareil moteur. La nuit, ces deux cadrans transparents sont éclairés intérieurement par des lampes. Dans les grands bateaux, pour faciliter le service, on dispose un télégraphe de chaque côté de la passerelle. Des instruments identiques, dont les inscriptions seules diffèrent, servent à faire communiquer l'officier de quart avec la timonerie.

A ce propos, un perfectionnement, qui sera probablement suivi par d'autres constructeurs, vient d'être réalisé tout récemment par la Compagnie

Transatlantique. Ses derniers paquebots sont pourvus d'appareils téléphoniques qui permettent au commandant de se mettre en communication constante avec les hommes de barre et les mécaniciens de quart. Ces instruments fonctionnent très bien, malgré le bruit qui règne à bord ; ils offrent aussi cet avantage que, pendant les manœuvres délicates à la sortie d'un bassin, le commandant est renseigné sur ce qui se passe à l'arrière. Prévenu à temps, il peut, par exemple, donner l'ordre de stopper lorsqu'une amarre est sur le point de s'engager dans les ailes de l'hélice ou qu'un accident d'une nature quelconque menace de se produire.

Puisque nous en sommes à l'article timonerie, disons un mot en passant de l'installation à bord des compas et des fanaux de route.

Nos lecteurs savent tous, sans doute, que les marins donnent le nom de *compas* aux boussoles qui leur servent à se diriger sur mer. Ces compas sont fixés dans des *habitacles*, sortes de boîtes en laiton, montées sur des colonnettes et tenues au pont par des vis. Un steamer est ordinairement muni au moins de trois compas : l'un à l'arrière, devant l'appareil à gouverner à bras, un autre vers le milieu du bâtiment, dans la chambre du servomoteur, un troisième enfin sur la passerelle ; ce dernier est généralement disposé pour faire des relèvements. En outre, il existe souvent un quatrième compas, appelé *compas-étalon*, dont on va reconnaître l'utilité. C'est un fait bien connu que l'aiguille aimantée subit des perturbations quand elle se trouve dans le voisinage immédiat de grandes masses de fer[1]. A bord d'un bâtiment construit entièrement en ce métal ainsi que sa machine et ses chaudières, il est donc à craindre que les indications du compas ne soient faussées : inconvénient grave qui peut conduire un navire à sa perte, tout au moins à s'écarter de sa route. Pour y remédier, le compas étalon est placé sur une sorte de mât en bois, généralement près de la passerelle, et à une hauteur de trois ou quatre mètres, afin de s'éloigner suffisamment de tout corps métallique. Une petite échelle permet d'accéder à l'habitacle qui le contient; la lecture se fait en dessous. Le compas étalon sert à régler les autres compas et à contrôler leur fonctionnement.

Depuis peu, la fabrication de ces instruments a subi des perfectionnements très notables et, dans bien des cas, on supprime le compas étalon. On ne peut pourtant pas corriger les indications de l'aiguille aimantée sur les navires en fer, d'une manière assez précise pour que l'on puisse s'y fier complètement. Les officiers du bord y remédient en faisant des relèvements.

A ce point de vue, un savant célèbre, sir William Thomson, a introduit dans la navigation un

1. C'est pour cela que les habitacles sont toujours en bois ou mieux en laiton.

très réel progrès, par la création d'un compas spécial qui porte son nom, et dont le prix élevé restreint malheureusement l'emploi aux paquebots ou aux grands yachts. Un jeu de petits barreaux aimantés et de boules en fer doux, dont on peut régler la position dans le sens de la hauteur ou transversalement, arrivent à contre-balancer l'influence des masses métalliques qui composent la coque et la machine. Toutefois, cet instrument est très délicat, difficile à régler, et demande à être manié par des gens expérimentés.

Un nouveau perfectionnement, récemment introduit à bord des vapeurs importants, a été l'adoption à peu près générale des *compas liquides*. On sait que la rose qui porte les barrettes aimantées est ordinairement mobile sur un pivot solidaire de l'habitacle. Les trépidations, les mouvements de tangage et de roulis, exercent une action nuisible sur le jeu de l'instrument en communiquant à la rose des oscillations qui faussent ses indications. Pour parer à cet inconvénient, la rose, construite en talc, est immergée dans un petit récipient absolument étanche, rempli d'alcool de densité convenable où elle nage entre deux eaux. Le compas est d'une très grande sensibilité et n'est plus influencé par les vibrations. La boîte qui contient le liquide est fermée à sa partie supérieure par une petite glace sans tain qui permet de consulter le compas.

La position d'un navire à vapeur, et le sens dans

lequel il se dirige, sont signalés, la nuit, par ce que l'on appelle les *fanaux de position*; à savoir : un feu vert à tribord, un feu rouge à bâbord, un feu blanc en tête du mât de misaine. Comme des écrans, placés du côté intérieur des fanaux, les masquent du côté opposé à celui qu'ils occupent, un bâtiment se rend facilement un compte exact, d'après les feux qu'il voit, de la position dans laquelle se trouve, par rapport à lui, un steamer qu'il croise en pleine mer ; il peut alors se conformer aux règles de la route à la mer, et manœuvrer en conséquence pour éviter l'abordage.

Par les temps de brume, les navires à vapeur signalent leur présence en faisant entendre, à de courts intervalles, leur sifflet ou corne à vapeur, au son grave et puissant. A bord des transatlantiques, une *sirène*, également à vapeur, remplit ce but d'une façon plus efficace encore.

Pompes et accessoires divers. — Les navires à vapeur, nous l'avons vu, sont divisés par des cloisons transversales en un certain nombre de compartiments étanches, dont l'effet est de localiser les voies d'eau qui pourraient se produire. Pour les commodités du service, ces cloisons sont quelquefois percées d'ouvertures permettant le passage d'un homme et qui peuvent être fermées très rapidement, en cas de danger, par des portes métalliques, également étanches, manœuvrables du pont, au moyen de tiges et d'engrenages. D'autres ouvertures, plus petites, munies de vannes mobiles, sont également pratiquées dans les cloisons. Elles font communiquer entre eux, par leur partie la plus basse, les différents compartiments, de telle sorte que l'eau qui se trouve toujours dans les petits-fonds puisse s'écouler vers un puisard commun où les *pompes de cale* de la machine viennent la prendre pour la refouler au dehors. Un tuyautage spécial permet aussi à cette pompe d'aspirer dans l'un quelconque des compartiments, ce qui est d'une grande utilité quand une voie d'eau s'est produite en un point déterminé. Il est à noter que les engins d'épuisement présentent une importance plus capitale encore pour les navires de guerre que pour les paquebots, puisque les premiers sont exposés, pendant le combat, à voir leur carène perforée par les projectiles ennemis. Aussi y multiplic-t-on le nombre des cloisons étanches et des appareils d'assèchement.

Outre les pompes de cale de la machine principale qui offrent en général le même débit que les pompes alimentaires et qui fonctionnent constamment, un grand steamer porte ordinairement plusieurs petits-chevaux pour l'épuisement des cales, et des pompes mues à la demande par un renvoi de mouvement provenant des treuils à vapeur. De puissants éjecteurs complètent cette installation. A bord des cuirassés ou des croiseurs, on dispose, en plus des petits-chevaux, une très puissante machine auxiliaire commandant des pompes rotatives, destinées à être mises en œuvre dans le cas d'une sérieuse avarie, et qui doivent tenir tête à une voie d'eau si menaçante qu'elle soit.

N'oublions pas aussi de mentionner les pompes à bras, que l'on fait manœuvrer au mouillage ou dans un port, quand les feux ne sont pas allumés, et qui peuvent, ainsi que les petits-chevaux, servir au lavage du pont.

Au nombre des éléments innombrables qui composent encore l'armement, nous citerons seulement : les appareils distillatoires destinés à faire de l'eau douce ; les caisses en tôle dans lesquelles cette eau est renfermée ; les tuyautages de vapeur pour le chauffage, les tuyautages d'eau douce et d'eau salée pour les besoins de l'alimentation ou pour la toilette des passagers et des chauffeurs ; la glacière, où l'on emmagasine la glace indispensable à la conservation de la viande ; enfin, les embarcations. Un grand paquebot porte jusqu'à douze embarcations qui sont dites *life-boats* lorsque, pointues des deux bouts, elles affectent la forme d'une *baleinière* et sont munies de boîtes étanches en cuivre mince, ou de ceintures intérieures en liège. Celles-ci empêchent les canots de sombrer même quand ils sont remplis d'eau.

Emménagements. — Il faut avoir eu à étudier, à construire ou à diriger un paquebot, pour appré-

cier les difficultés innombrables que présentent, en
pratique, la conception et l'exécution des emménagements intérieurs. Cette tâche délicate consiste à
loger dans un espace restreint, présentant des
formes irrégulières, plusieurs centaines de personnes : passagers de toutes classes et émigrants,
côte à côte avec l'équipage, tout en ménageant, à
chaque catégorie d'individus, des dégagements spéciaux, et en leur assurant un confortable qu'ils ne
trouveraient souvent pas chez eux. Il faut ventiler,
chauffer, éclairer ces mille recoins d'un navire qui
doivent être à l'abri des invasions de l'eau tout en
restant convenablement aérés; prendre des précautions minutieuses contre les incendies, contre la
chaleur ou le froid, satisfaire aux exigences les
plus diverses et pourtant combiner les plans de façon
à réserver le plus de place au plus grand nombre
possible de passagers. Il faut trouver moyen d'emmagasiner des provisions qui puissent suffire à
l'alimentation d'un millier de bouches pendant
plusieurs semaines, sans empiéter néanmoins sur
les cales à marchandises, ni sacrifier ou même
négliger les conditions indispensables d'hygiène et
de salubrité. Il faut prévoir l'installation des différents tuyautages d'eau ou de vapeur, celle des
appareils de déchargement, faciliter en outre les
différentes manœuvres, l'embarquement du charbon ou des marchandises; disposer les mâts de
telle sorte qu'ils ne traversent ni les salons ni la

chambre des machines, qu'ils ne gênent pas
'agencement intérieur, et pourtant qu'ils soient
assez près des panneaux pour servir de support aux
cornes de charge. Il faut établir escaliers, coursives,
portes et écoutilles de manière à rendre le service
et la circulation faciles. Rappelons en outre que les
moyens dont on dispose sont limités par la question financière et par certaines considérations plus
ou moins importantes telles que l'obligation de
conserver au bâtiment et à ses superstructures un
aspect satisfaisant et un cachet marin.

Tel est, réduit à sa plus simple expression, le
problème complexe qu'ont à résoudre les ingénieurs
chargés de combiner les emménagements d'un
paquebot et d'en assurer l'exécution. Cette œuvre
exige des talents multiples : en plus de la science
professionnelle et d'une longue pratique, elle
demande des connaissances architecturales, un tact
particulier, du goût, et un certain sentiment de
l'art. Autrement, la recherche du luxe et du confort
mène à la création d'œuvres bâtardes qu'un public,
souvent ignorant, critique sans tenir compte des
difficultés qu'il fallait vaincre.

A bord, les passagers de chambre sont logés dans
des cabines où ils ne séjournent guère que pendant
les heures de sommeil. L'ameublement en est simple : contre une des cloisons, deux couchettes
superposées, garnies de sommiers élastiques; sur
une des autres faces, un canapé qui peut, en cas

d'encombrement, être transformé en lit; dans un
des coins, un lavabo surmonté d'une psyché. Au-
dessus des couchettes on dispose généralement un
filet, analogue à ceux que l'on rencontre dans les
wagons de chemin de fer, et où l'on dépose de menus
bagages et des objets de service journalier. Les
couchettes peuvent être masquées par des rideaux
qui courent le long d'une tringle. Celles d'entre les
cabines qui sont placées en abord reçoivent le jour
par un hublot[1] que l'on ouvre s'il fait très beau
temps; la nuit, elles sont éclairées par une *lampe
de roulis* ou par une lampe électrique à incandescence. La ventilation s'effectue par un grillage en
bois, découpé dans la partie supérieure de la cloison qui sépare la cabine du couloir. Des sonnettes
électriques permettent aux passagers de se mettre,
à toute heure, en communication avec le personnel
de service.

Ces chambres sont réunies en groupes de quatre
ou de deux, isolés par les coursives qui leur servent
d'accès et qui facilitent les communications avec
les autres parties du navire. A l'inverse de ce qui
se passait dans l'ancienne marine où l'arrière était
réservé au logement des officiers, les cabines de

---

1. On appelle *hublot* de petites fenêtres circulaires formées par
une glace épaisse enchâssée dans un cercle en bronze tournant sur une charnière. La partie mobile peut s'appliquer contre un cadre de même forme fixé à la coque. On produit la fermeture en serrant le hublot à l'aide d'un écrou; un anneau de
caoutchouc, interposé, assure l'étanchéité.

1re classe se placent aujourd'hui de préférence vers le milieu du bâtiment, plus agréable à habiter, car on y ressent moins le bruit ou les trépidations de l'hélice et les mouvements de tangage. En outre, la partie arrière du pont est sujette, plus que la partie centrale, à la chute des escarbilles qui tombent des cheminées et à l'invasion de la fumée.

On descend dans les entreponts contenant les cabines ou les salons par des escaliers en bois dont les marches sont généralement recouvertes de garnitures en bronze ou de caoutchouc strié pour assurer l'équilibre des passagers.

Dans ce même but, les cloisons des coursives sont pourvues de *barres de roulis*, sortes de grosses rampes en bois, auxquelles s'accrochent, en marchant, les personnes qui n'ont pas le pied marin. Les escaliers sont une des parties du navire que l'on s'attache à rendre décoratives. Les marches sont en teck ou en acajou, ainsi que les cloisons latérales; celles-ci sont ornées de glaces et de consoles qui reçoivent des jardinières garnies de fleurs. Les rampes sont supportées par des balustrades en bois tourné et verni.

Pendant le jour, les passagers délaissent ordinairement leurs cabines, dont l'atmosphère confinée et l'obscurité relative sont peu plaisantes, pour quelques lieux de réunion où ils trouvent agrément et confort. Par le beau temps, les passagers amoureux du grand air et de la mer peuvent se promener ou s'asseoir sur le pont, abrité de tentes et garni de bancs.

Pleut-il, vente-t-il, fait-il froid? Chacun peut choisir un abri de prédilection : le fumoir, bien éclairé, meublé de divans moelleux et de tables de jeu : le salon de conversation ou le grand salon. Les femmes qui veulent s'isoler trouvent toujours un salon spécial, boudoir élégamment meublé, où elles peuvent se recueillir, ou bien, mollement étendues sur un canapé, achever la lecture du roman à la mode.

Dans la plupart des paquebots, le grand salon sert aussi de salle à manger. L'ameublement est composé de longues tables en acajou, de sièges tournants, de canapés fixés au pont afin que les mouvements de tangage et de roulis ne détruisent pas leur stabilité, de buffets luxueux, de crédences, de *racks* ou râteliers suspendus, auxquels on accroche les verres, de jardinières, de glaces, de tentures. Le plancher est recouvert de linoléum; le plafond, mouluré, est décoré et peint avec recherche, ainsi que les panneaux des cloisons.

Pendant le jour, la lumière est fournie par de nombreux hublots et par une large ouverture pratiquée dans le pont supérieur et débouchant dans un des roofs. La nuit, des lampes ordinaires supportées par une suspension à la Cardan, ou des foyers électriques Swan et Edison, répandent partout une clarté uniforme.

On voit que le passager habitué au luxe ne se trouve pas dépaysé à bord d'un transatlantique. Ajoutez que l'on met à sa disposition des bibliothèques fournies, des salles de bain, des cabinets de toilette où ne font défaut aucun des raffinements de la civilisation, des water-closets luxueux comme il ne s'en trouve pas dans beaucoup de châteaux.

Avouez que, dans ces conditions morales et physiques, un voyage, même au long cours, est loin d'être désagréable.

Les émigrants ne sont pas aussi bien traités, mais ils doivent encore rendre grâce aux progrès de la navigation qui leur donnent accès sur les paquebots à grande vitesse et qui leur permettent d'effectuer la traversée aussi rapidement que les passagers de première classe. Les grandes compagnies de navigation ont maintenant pour eux quelques égards en les mettant un peu au-dessus des marchandises de la cale! On peut dire que ces pauvres gens ne sont réellement très mal que quand leur nombre trop considérable oblige à les entasser. Ordinairement, les émigrants sont logés dans le second entrepont ; ils mangent sur des tables en bois blanc, mais quand il y a encombrement, ils prennent leur modeste repas où ils peuvent : le plus souvent sur leurs genoux. Ils couchent dans des lits en bois accolés sur plusieurs files et supportés par des tringles en fer que l'on démonte.

eux absents, pour arrimer en leur lieu et place une cargaison inanimée.

Un poste spécial, placé à l'extrême avant, reçoit la presque totalité de l'équipage; un certain nombre de chauffeurs et de soutiers sont cependant, à bord de quelques paquebots récents, installés dans les environs de la machine. L'aménagement de ces postes est des plus simples : des couchettes, en fer ou en bois, superposées sur deux ou trois rangées; des caissons et des armoires pour les effets des hommes; quelques lampes accrochées aux cloisons, et c'est tout.

Les officiers supérieurs sont mieux logés que les passagers de chambre, et ce n'est que trop juste, car le bâtiment est en somme leur demeure de tous les jours. La cabine du commandant renferme un lit assez large et confortable, une commode, un bureau, une petite bibliothèque, une armoire à glace, une table, un lavabo, une psyché, un baromètre. Afin que le capitaine puisse, sans sortir de chez lui, se rendre compte de ce qui se passe à bord et de la route suivie, on dispose dans sa chambre des tuyaux acoustiques qui le mettent en relation avec la machine et la timonerie, un manomètre qui lui indique constamment la pression aux chaudières, un indicateur du vide au condenseur, un petit compas. Les mêmes objets se trouvent à peu près tous répétés dans la chambre du chef-mécanicien.

Nous n'avons garde d'entreprendre l'énumération de tout ce qui complète les aménagements d'un transatlantique : le lecteur le plus indulgent nous trouverait bien monotone. Nous ne passons en revue ni les cuisines (toujours fort bien installées), ni la boulangerie et les services annexes, ni les cambuses, non plus que les magasins à voiles et à cordages, la lampisterie, la cave aux vins, les bureaux de poste où se trient les dépêches, etc. Une visite à bord d'un de nos grands paquebots, en apprendra plus qu'une longue description.

CHAPITRE IV

PROGRÈS RÉCENTS DE LA MACHINE MARINE

Dans toute machine de bateau il faut considérer trois choses : un appareil évaporatoire qui produit la vapeur; un appareil moteur qui se sert de cette vapeur pour transformer en force le calorique qu'elle contient; enfin, un propulseur qui utilise cette force en imprimant au bâtiment un sillage déterminé. La vitesse, comme l'économie de combustible, résultent, pour un navire, du bon fonctionnement de chacun de ces éléments pris en particulier, et de la manière plus ou moins satisfaisante dont ils sont agencés.

La machine proprement dite a surtout bénéficié des progrès immenses de la construction navale. S'il y a loin des propulseurs actuels aux hélices d'Ericson, ou des générateurs modernes aux chaudières de Fulton, la distance est bien plus grande encore entre les admirables machines de nos paquebots et les engins encombrants qu'a vus naître la première moitié de ce siècle. Loin de nous, la pensée de déprécier les merveilleuses inventions des mécaniciens illustres qui ont nom Watt ou de Jouffroy! Il faut du génie pour créer, tandis que le talent et l'expérience suffisent à qui veut perfectionner. Le premier pas, le plus difficile, le plus grand, est produit par l'effort intense d'un puissant esprit qui enfante à lui seul et du premier coup ce que plusieurs générations sauront à peine améliorer. Le progrès est, au contraire, l'œuvre collective du plus grand nombre : chacun y apporte sa part d'intelligence ou de labeur.

La machine marine primitive présentait de graves inconvénients. Elle était lourde, occupait une place considérable, dévorait des quantités énormes de combustible, enfin ne pouvait s'alimenter d'eau de mer qu'à la condition expresse de fonctionner à des pressions très basses, ce qui ne contribuait pas à diminuer son poids. Malgré tout, le principe était trouvé; le reste regardait les ingénieurs, et les perfectionnements ne se firent pas attendre. Certes, la vapeur n'a pas dit son dernier mot, témoin les progrès incessants que l'on réalise tous les jours. Il y a lieu toutefois d'être satisfait du résultat acquis dès maintenant : aujourd'hui, une bonne machine de bateau est deux fois plus légère et consomme quatre ou cinq fois moins qu'un appareil de même force, il y a cinquante ans. L'usage de pressions plus élevées et la diminution des poids ont en outre conduit à des puissances invraisemblables. Ne construit-on pas actuellement des machines de 12 à 15 000 chevaux ! Elles ne sont pas encore nombreuses, soit, mais les machines de 1500 à 2000 chevaux ne se comptent plus[1].

On peut dire que les progrès de la machine marine dérivent presque entièrement de deux causes : l'application générale du principe compound, qui en a fait des engins économiques, puis, l'adoption du condenseur à surface, lequel a rendu possible l'emploi des hautes pressions, et par conséquent a entraîné une réduction notable dans les poids des chaudières et surtout des machines.

Les appareils les plus répandus il y a trente ans se composaient presque invariablement de deux cylindres égaux actionnant des manivelles à angle droit. Chacun d'eux recevait directement la vapeur de la chaudière, et l'ensemble constituait quelque chose d'analogue au mécanisme d'une locomotive.

Les tiroirs de distribution étaient disposés de façon à n'admettre la vapeur que pendant une fraction déterminée de la course du piston. Il en résultait une détente à peu près suffisante pour une marche à basse pression[2].

1. La machine marine la plus puissante qui existe est en construction en Angleterre. Elle est destinée à un cuirassé italien, le *Re Umberto*, et devra développer 19 500 chevaux.

2. Le mode d'action de la vapeur dans les cylindres des machines et le fonctionnement des tiroirs de distribution ont été décrits avec la plus grande clarté dans un autre volume de la BIBLIOTHÈQUE DES MERVEILLES (*Les Chemins de fer*, par A. Guillemin). Nous n'y reviendrons pas. Rappelons seulement ce que l'on entend

Dès que l'introduction du condenseur à surface eut permis de recourir à des tensions plus élevées, on sentit la nécessité d'accroître le degré de détente au delà des limites que les tiroirs ordinaires pouvaient produire. C'est alors que les *machines compound* firent leur apparition. Elles se répandirent immédiatement, et leurs avantages furent si peu contestés qu'il n'est peut-être pas, à l'heure où nous écrivons, un navire à vapeur qui n'en soit muni.

Les appareils compound sont directement issus de la machine de Woolf, dont le principe est bien connu. Un premier cylindre reçoit la vapeur de la chaudière. Quand cette vapeur a agi, au lieu de l'évacuer au condenseur, où elle entraînerait en pure perte les calories nombreuses qu'elle contient encore, on l'envoie dans un cylindre plus grand. Là, se produit la détente finale, qui développe un nouveau travail, égal ou même supérieur à celui du petit cylindre. Il est visible que la puissance de la machine se trouve doublée, sans que la consom-

---

par détente. La vapeur, séparée de son générateur et placée dans un vase clos, dilatable, à l'abri des causes extérieures de refroidissement, possède, comme les gaz comprimés, la propriété de se détendre en suivant approximativement la loi de Mariotte : *les pressions sont en raison inverse des volumes occupés.* La vapeur engendre par sa détente un travail égal à celui qu'elle produirait, si elle était encore en communication avec la chaudière, mais à une tension égale seulement à la *pression moyenne* pendant l'expansion. Une machine sans détente perdrait donc tout ce travail.

mation de vapeur, et par conséquent de combustible, ait subi le plus léger accroissement.

Dans le système compound, le principe est le même, seulement les pistons, au lieu d'avoir une tige commune articulée soit à l'extrémité d'un balancier, soit sur une même bielle, actionnent deux manivelles faisant entre elles un certain angle. Les mouvements des pistons, tout en restant solidaires, ne sont plus corrélatifs, puisqu'à un moment donné, l'un d'eux est à bout de course, quand l'autre est à moitié et *vice versa*. Il a donc fallu créer, entre les deux cylindres, un *réservoir intermédiaire* qui reçoit la vapeur d'échappement du petit cylindre et la fournit au grand à mesure que son tiroir en permet l'introduction.

En résumé, la machine compound est un moteur qui comprend deux cylindres de diamètres différents dont les pistons commandent des manivelles à angle droit (fig. 12). La vapeur est admise dans le petit cylindre et commence à s'y détendre faiblement, puis elle s'échappe à une pression moindre déjà, dans un espace clos, dont le volume est suffisant pour que la tension n'y puisse varier sensiblement pendant un tour complet. De ce réservoir, la vapeur est distribuée au grand cylindre où elle travaille uniquement par sa détente. Lorsque de là, elle passe au condenseur, sa pression est bien inférieure à une atmosphère.

Le mode compound n'est pas le seul moyen

d'opérer une forte détente. Les bonnes machines de manufactures, des types *Corliss*, *Sulzer* ou *Farcot*, qui donnent des résultats économiques comparables, ont un cylindre unique, où l'expansion est obtenue par la fermeture du conduit de vapeur, après une portion déterminée de la course du piston. Il y a donc lieu de démontrer pour quelle raison la machine compound jouit d'une faveur si absolue en navigation. Nous avons vu que l'ancienne machine marine comportait deux cylindres et deux manivelles : en voici la raison. On ne peut le plus souvent faute d'espace, installer un volant dans la cale d'un navire. En outre, ce volant, s'il existait, serait un obstacle au renversement fréquent de la marche et aux arrêts brusques, nécessaire à l'entrée d'un port, à la sortie d'un bassin. Pour obtenir quand même une certaine régularité, on imagina de combiner l'action de deux cylindres distincts commandant des manivelles à 90 degrés. De cette façon, l'un des pistons est à moitié de sa course et produit son effort maximum, lorsque l'autre se trouve au point mort et n'agit plus momentanément. Ceci est élémentaire. Ajoutez que ce dispositif jouit d'une propriété indispensable à tout appareil de navigation : il permet la mise en route immédiate, dès qu'on ouvre l'arrivée de vapeur et quelles que soient les positions relatives des manivelles.

L'application du système compound n'entraîne aucune complication, tout en procurant une notable économic de combustible. Un des cylindres

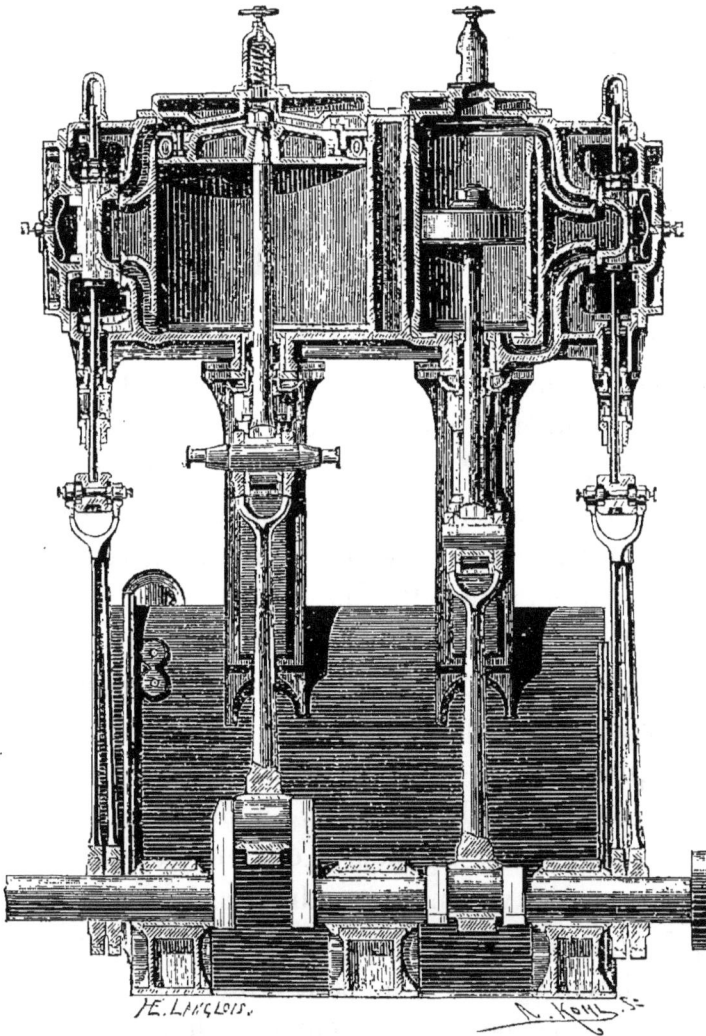

Fig. 12. — Coupe longitudinale d'une machine Compound.

est plus volumineux, mais le nombre des organes reste le même ; or, la simplicité est une des qua-

lités primordiales de la machine marine. Les mécanismes de détente, ingénieux et compliqués, qui
fonctionnent avantageusement sur les moteurs fixes,
n'auraient donc pas convenu au même degré.

On perd ainsi, dira-t-on, un des avantages de la
machine à deux cylindres. La mise en route n'est
plus possible dans toutes les positions, puisque la
vapeur des chaudières est admise au petit cylindre
seulement, et ne peut, au départ, arriver sur le
grand piston qu'après une demi-révolution. Cette
objection ne contient qu'une apparence de vérité.
Avec toute machine à deux cylindres, non compound, lorsqu'on veut opérer une certaine détente
— et cette nécessité s'impose à moins d'un sacrifice
énorme de charbon, — on dispose les deux tiroirs
de façon à n'admettre la vapeur dans chaque
cylindre que pendant moitié de la course, par
exemple. Il existera encore une ou deux positions
pour lesquelles la machine, une fois stoppée, sera
« piquée », c'est-à-dire ne pourra démarrer sous
l'influence seule de la vapeur. Comme dans la machine compound la détente est surtout due à la
différence des volumes engendrés par les pistons, et
qu'elle s'opère en partie dans le grand cylindre,
l'admission subsistera au petit cylindre pendant les
cinq sixièmes de la course environ. On se trouvera
donc, au point de vue du démarrage, dans les
mêmes conditions que plus haut. Le but sera même
mieux atteint, si l'on dispose, comme c'est l'usage,

un tiroir à main qui permette d'introduire la vapeur des chaudières dans le grand cylindre, au moment de l'appareillage.

La régularité des machines compound est en outre plus satisfaisante et les efforts exercés par leurs pistons sur l'arbre d'hélice sont plus faibles et moins variables. Il n'en est pas de même dans une machine à détente et à cylindre unique, où la pression sous le piston est souvent de sept atmosphères au début de la course et d'un quart d'atmosphère à la fin : de là des chocs, des effets de torsion très brusques qui font casser les arbres, accidents des plus graves à la mer. On n'y peut remédier que par l'addition d'un volant régularisateur, dont l'emploi, nous l'avons vu, est difficile à bord des navires.

Ces avantages, et nous ne citons que les principaux, justifient pleinement l'adoption générale du système compound pour les appareils de navigation.

La machine compound à deux cylindres, telle que nous venons de la décrire, est remarquable par sa simplicité. Toutefois, si la puissance dépasse 4000 chevaux environ, les dimensions du grand cylindre deviennent telles qu'on éprouve des difficultés insurmontables dans sa construction ou son montage. Il faut alors avoir recours à une disposition introduite par M. Dupuy de Lôme en France et par John Elder en Angleterre : nous voulons parler de la machine à trois cylindres. Le plus petit, compris entre les autres qui sont égaux, reçoit seul

la vapeur des chaudières. La détente s'opère simultanément dans les deux grands cylindres, et leur diamètre est évidemment moindre que celui d'un cylindre dont le volume serait égal à leur somme (fig. 13). De plus, comme les trois manivelles font ordinairement entre elles des angles de 120 degrés, il en résulte une régularité plus grande encore et un meilleur équilibre des couples de rotation. Les machines des transatlantiques de la compagnie Cunard, comme celles de beaucoup de cuirassés et de transports de la Marine française, sont ainsi conçues.

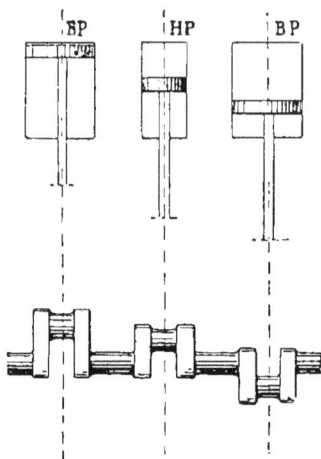

Fig. 13. — Machine compound à trois cylindres.

Enfin, la machine de Woolf proprement dite est également d'un emploi fréquent. La figure 14 représente l'ensemble schématique d'un semblable appareil pour un navire à hélice. Les deux cylindres sont superposés et les pistons fixés sur la même tige; il n'y a qu'une bielle et qu'une manivelle. C'est là une disposition simple et relativement peu coûteuse. Quand on construit des machines puissantes dans ce système, au lieu d'augmenter outre mesure le diamètre des pistons, on double le moteur, c'est-à-dire que l'on accouple côte à côte, sur le même arbre, deux machines semblables, agissant sur des manivelles à angle droit. Telles sont les machines du *Labrador*, de la Compagnie transatlantique. Si la puissance est plus grande encore, on en accouple trois comme dans la *Normandie*. La régularité devient alors excellente et les efforts sur l'arbre sont aussi peu variables que possible.

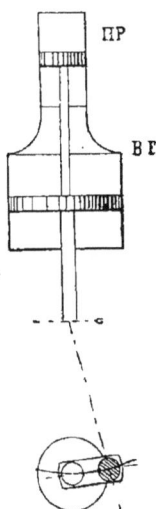

Fig. 14. — Machine tandem.   Fig. 15. — Machine à triple expansion.

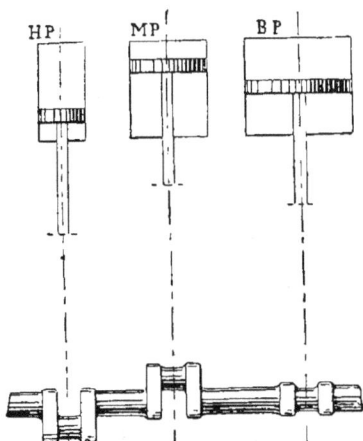

Disons un mot en passant d'un nouveau genre d'appareil compound qui tend à se répandre depuis peu. Il s'agit des machines à *triple expansion*, lesquelles fonctionnent le plus souvent à une pression élevée, soit de six à dix kilogrammes par centimètre carré. Ces machines se construisent avec trois ou quatre cylindres (fig. 15). La vapeur est admise

dans un premier cylindre, puis elle commence à
se détendre dans un cylindre moyen, enfin la
détente finale s'opère dans un troisième cylindre
que l'on remplace quelquefois par deux cylindres
plus petits qui communiquent entre eux et forment
la dernière *cascade*. On obtient de la sorte une
détente prolongée et l'on évite les écarts brusques
de température, entre le commencement et la fin
d'une course de piston, puisque la différence des
pressions initiale et finale est moindre, pour chaque cylindre, que dans une machine compound
ordinaire. Or, il est notoire que les chutes de
température sont une cause sérieuse de condensations et de perte. Les machines à triple expansion, en service depuis quelques années, se sont
montrées très économiques, même par compa-
raison avec les appareils compound; il est probable qu'elles remplaceront ceux-ci dans un avenir
peu éloigné.

L'économie de vapeur, si importante déjà pour
les machines fixes, acquiert un intérêt capital en
navigation. D'abord, eu égard à la puissance beaucoup plus grande des appareils marins, elle se
manifeste par des quantités de charbon bien inférieures. Ensuite, le combustible épargné peut être
remplacé par un fret rémunérateur. Tel navire, qui
pendant un voyage économisera 80 tonnes de charbon par rapport à un autre de mêmes dimensions,
réalisera de ce chef un bénéfice de 1600 francs par

exemple; il prendra 80 tonneaux de marchandises
en plus, ce qui, à raison de 15 francs le tonneau,
constituera un second bénéfice de 1200 francs. Le
gain total sera donc de 2800 francs pour une traversée. C'est parfois le seul profit que puisse espérer
l'armateur.

La consommation des machines par cheval est,
toutes choses égales d'ailleurs, d'autant plus faible
que la puissance est plus considérable. Aujourd'hui,
les bons appareils compound brûlent de $1^k,2$ à
$1^k,5$ de charbon, par cheval et par heure, pour les
forces inférieures à cent chevaux. Avec les grandes
puissances, on arrive à ne plus dépenser que $0^k,900$
à $0^k,700$. Il y a quarante ans, les chiffres corres-
pondants étaient de 6 kilogrammes et de $3^k,5$. Tout
commentaire est superflu.

Un perfectionnement qui, au moins autant que
la généralisation du système compound, a contribué aux progrès de la construction navale, fut l'a-
doption universelle du condenseur à surface.
Il a non seulement permis de réaliser directement une économie de 15 à 20 pour 100, par la
suppression des extractions d'eau chaude obliga-
toires dans les anciennes machines, mais encore il
a rendu possible l'emploi des hautes pressions à la
mer, sans lesquelles on ne pouvait espérer construire des appareils véritablement économiques.

On sait que quand l'eau de mer est chauffée à une
température de plus de 155 degrés, correspondant

à une pression de deux atmosphères effectives, les
sels insolubles sont précipités et recouvrent les sur
faces chauffées d'une couche épaisse d'incrusta-
tions. Le sel insoluble que l'eau de la mer contient
en plus grande quantité est le sulfate de chaux.
Nous l'appelons insoluble, parce qu'il résiste à l'action dissolvante de l'eau dans les circonstances
ordinaires, et qu'une fois déposé sur les parois de
la chaudière il reste inaltérable. Le carbonate de
chaux et les sels de soude et de magnésie sont relativement moins nuisibles; bien que le premier soit
également précipité, il ne l'est que sous la forme
d'une boue molle que l'on peut, avec les dépôts
saumâtres que donnent les seconds, facilement
rejeter à la mer par des extractions de fond, ou
enlever par un lavage lorsqu'on visite les appareils
évaporatoires. Il en résulte que l'emploi du condenseur à surface s'impose pour les machines marines
dont la pression dépasse 2 kilogrammes par cen
timètre carré.

Avec les condenseurs à injection, semblables à
ceux que l'on emploie pour les moteurs d'usines, le
contenu de la bâche se compose d'un mélange d'eau
de mer et d'eau condensée dans le rapport de 50 à 1
environ, de telle sorte que ce liquide, qui sert à
l'alimentation des générateurs, est très sensiblement aussi saumâtre que l'eau de la mer.

Dans le condenseur à surface, l'eau réfrigérante
est séparée de l'eau de condensation; cette der-

nière, qui est par conséquent de l'eau douce, peut donc être employée pour l'alimentation. L'appareil est réalisé pratiquement, comme nous le verrons plus loin, en faisant arriver la vapeur d'échappement sur un faisceau de petits tubes, placés dans le condenseur, à l'intérieur desquels circule de l'eau de mer froide et sans cesse renouvelée. L'eau douce, résultant de la condensation, s'amasse au fond du condenseur d'où elle est épuisée par la pompe à air qui la refoule dans la bâche. Les pompes alimentaires l'y reprennent pour l'envoyer aux chaudières.

Le condenseur à surface présente l'inconvénient d'être plus lourd, plus encombrant, plus coûteux que le condenseur par mélange. Il faut ajouter une pompe de circulation; enfin, l'entretien en est plus difficile. Pourtant, tous les bâtiments qui naviguent sur mer en sont nécessairement munis pour les raisons que nous avons indiquées. Seules, les machines de quelques paquebots à roues très rapides ou faisant de courtes traversées, et pour lesquelles la légèreté prime l'économie de combustible, conservent l'ancien condenseur.

CHAPITRE V

Ainsi que nous l'avons vu plus haut, l'ensemble d'une machine marine se compose :

1° Des appareils évaporatoires;

2° De la machine proprement dite;

3° De la ligne d'arbres et du propulseur;

4° Du tuyautage, des machines auxiliaires, et des accessoires. Pour plus de clarté, nous suivrons à peu près cet ordre méthodique dans notre description.

Des appareils évaporatoires. — Les corps évaporatoires sont chargés de fournir la vapeur nécessaire au fonctionnement de la machine. Ils doivent donc être proportionnés à cette dernière, et constituent la partie essentielle de l'appareil moteur, de même que l'estomac et le tube digestif jouent le principal rôle dans l'économie animale.

Les chaudières marines diffèrent complètement des générateurs employés à terre, en raison des conditions particulières de leur fonctionnement, et surtout de l'espace restreint dont on dispose à bord. On a dû diminuer leur poids, la quantité d'eau qu'elles contiennent, enfin, pour la production d'une même quantité de vapeur, réduire considérablement leur volume et leur longueur.

Pendant les quarante premières années de la navigation à vapeur, les types de chaudières employés ont varié à l'infini; la construction navale était encore dans une période de recherches et de tâtonnements. Depuis quelques années au contraire, les ingénieurs se sont arrêtés à un modèle de générateur, sensiblement uniforme, dont les dimensions ou les détails sont seuls variables d'un navire à l'autre; nous voulons parler de la chaudière cylindrique, tubulaire, à retour de flamme. On la rencontre à bord de presque tous les steamers, à l'exception de certains bâtiments de guerre à grande vitesse et des torpilleurs.

Sans entrer dans une description détaillée, il convient de retracer au moins la structure élémentaire de ce genre de générateur.

La chaudière ordinaire à retour de flamme se compose d'une enveloppe cylindrique en tôle G. formée de plusieurs viroles, et d'un diamètre au moins égal à sa longueur (fig. 16). Ce cylindre est fermé par deux fonds constitués chacun de deux ou trois tôles rivées entre elles et à l'enveloppe. C'est dans le solide ainsi limité que se trouve renfermée l'eau à vaporiser. Les foyers F, également de

section circulaire, sont placés horizontalement à
l'intérieur du corps cylindrique, dans le sens de la
longueur et vers la partie basse. Il y en a un, deux,
ou trois, par chaudière. L'extrémité qui corres

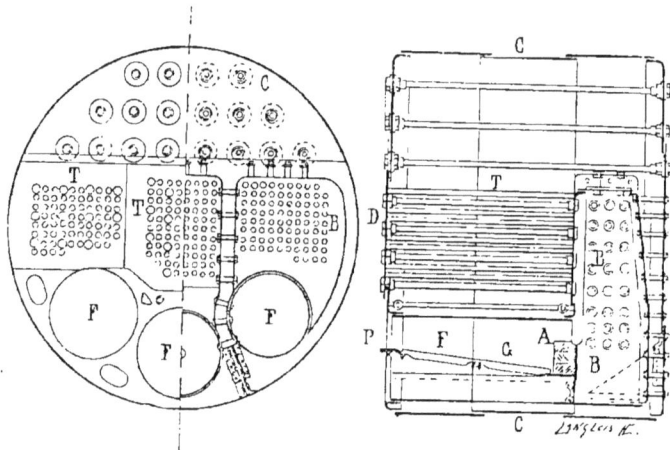

Fig. 16. — Chaudière tubulaire à retour de flamme.

pond à la porte débouche en A, du côté de la chaufferie, l'autre aboutit dans une caisse parallélépipé-
dique en tôle, B, appelée boîte à feu, également intérieure au générateur.

Un faisceau de tubes T, en fer ou en laiton, dont
le diamètre intérieur varie de 70 à 80 millimètres
suivant les cas, soigneusement bagués et reliés,
d'une part à la partie supérieure de la boîte à feu,
de l'autre au fond correspondant qu'ils traversent,
fait communiquer la boîte à feu avec la boîte à fumée et par conséquent avec la cheminée. Ce faisceau tubulaire est également situé au-dessous du
niveau le plus bas de l'eau dans la chaudière.

Dans chaque foyer se trouve une grille, légèrement inclinée, qui est généralement composée,
dans la longueur, de deux files de barreaux en
fonte ou en fer, maintenus par des supports transversaux rivés aux parois. A l'avant, du côté de la
boîte à feu, on dispose un autel en briques réfrac-
taires qui a pour but de limiter la couche de combustible et de relever la flamme.

Le cendrier est formé par la partie du foyer qui
reste au-dessous des grilles. Il peut être fermé,
comme le fourneau proprement dit, par des portes
en tôle ou en fonte.

La boîte à feu est reliée : à l'enveloppe extérieure
et au fond de la chaudière le plus voisin, par des
entretoises taraudées, très rapprochées ; à la face
de la chaudière qui regarde la chaufferie, par les
tubes, dont quelques-uns, de grande épaisseur, sont
boulonnés à chaque extrémité dans les tôles qu'ils
maintiennent ainsi fortement.

Dans la région supérieure, les deux façades de la
chaudière sont réunies par des tirants longitudinaux, afin qu'ils ne puissent se déformer ou
s'écarter sous l'influence de la pression.

Le réservoir de vapeur est constitué par la portion du corps cylindrique qui se trouve au-dessus
du niveau, et le plus souvent, en outre, par un
dôme ou par un récipient horizontal, dans lequel
vient aboutir le tuyau de prise de vapeur.

Ainsi, le charbon brûlant sur la grille dégage

des produits gazeux enflammés qui, sous l'action
du tirage, se rendent tout d'abord dans la boîte à
feu, puis, retournant en arrière à travers les tubes,
passent dans la boîte à fumée d'où ils s'échappent
par la cheminée. Pendant ce parcours, les produits
de la combustion perdent la majorité de leurs calories que les parois de la chaudière, bons conduc-
teurs, transmettent, ainsi que la chaleur rayonnée
par le combustible en ignition, au liquide qui se
vaporise. Lorsque les gaz arrivent à la base de la
cheminée, ils possèdent tout au plus une température de 400 à 500 degrés centigrades.

Les chaudières reposent, au fond du navire, sur
les varangues, par l'intermédiaire de *bers* métalliques qui épousent leur forme jusqu'à une certaine
hauteur et les maintiennent en place (fig. 17).

La boîte à fumée, toujours en tôle mince, est
fixée par quelques vis à la façade de la chaudière,
au-dessus des portes des foyers. Elle est munie de
fermetures mobiles afin que l'on puisse visiter et
ramoner les tubes.

La cheminée n'est en quelque sorte que le prolongement de la boîte à fumée, ou des boîtes à
fumée s'il y a plusieurs chaudières. Elle affecte
presque toujours une forme cylindrique, et on l'incline, vers l'arrière, de la même quantité que les
mâts, pour donner de la grâce au navire. La cheminée traverse les différents ponts du bâtiment, et
se prolonge au-dessus du pont supérieur d'une hau-

teur qui varie de trois à six fois son diamètre. Elle
est généralement entourée d'une enveloppe métal-

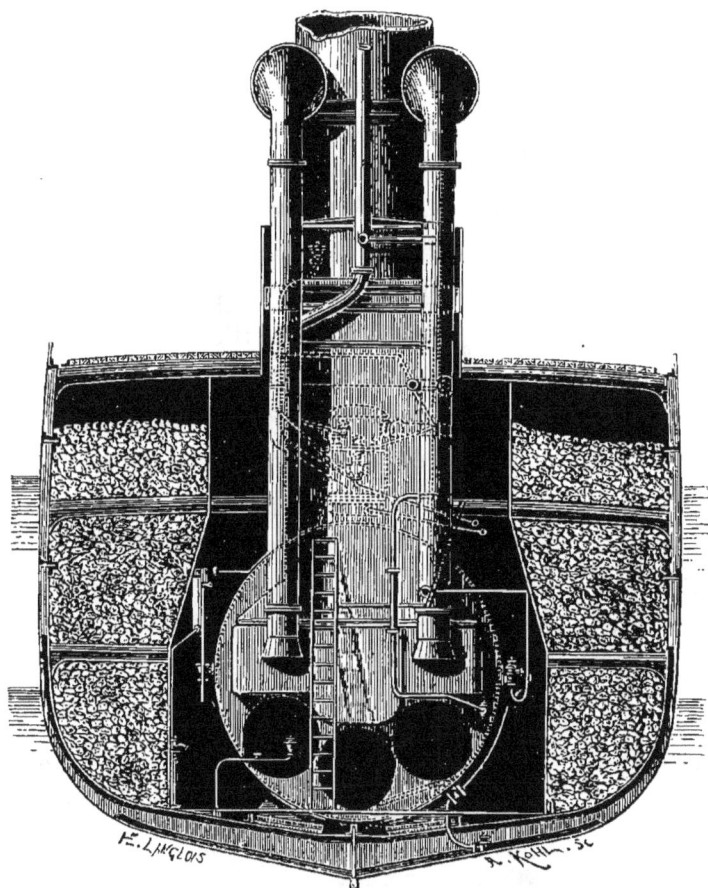

Fig. 17. — Coupe transversale dans la chaufferie.

lique, de plus grand diamètre, qui forme un
espace annulaire par lequel on produit le dégagement de l'air chaud et la ventilation du navire. En
outre, cette enveloppe est soumise à une bien

moins haute température que la cheminée elle-même, ce qui empêche la peinture dont on la revêt de s'écailler et de se détériorer aussi rapidement.

Des *manches à vent*, sortes de grands tubes verticaux en tôle, terminés à la partie supérieure par un large pavillon mobile que l'on peut orienter dans la direction du vent, débouchent, d'une part, sur le pont à hauteur d'homme environ, et de l'autre, dans la chaufferie, qu'elles alimentent d'air frais. Des ouvertures de plus large section, appelées *puits d'aérage,* fermées par des grillages et munies de couvercles métalliques, concourent au même but quand le temps est beau. S'il fait mauvais, on les ferme, afin que la pluie ou les paquets de mer ne puissent tomber dans la chambre de chauffe. Les manches à vent fournissent seules alors l'air nécessaire à la combustion.

Les dimensions des chaudières étant forcément limitées par celles de l'espace qu'on peut leur accorder à bord, par les ressources mécaniques dont on dispose, par le degré de sécurité dont on ne saurait s'écarter, et par ce fait que le poids des chaudières croît sensiblement comme le carré de leur diamètre, il devient nécessaire de disposer plusieurs générateurs, lorsque la puissance d'une machine marine dépasse une certaine limite, quatre à cinq cents chevaux, par exemple.

A bord, les différents corps évaporatoires peuvent être placés côte à côte, deux par deux ou trois par

trois, dans le sens de la longueur (fig. 28), ou bien
en abord, de chaque côté et transversalement avec
chaufferie commune au milieu.

Sur les très grands paquebots, les chaudières sont
disposées longitudinalement par files doubles et se
tournent le dos deux à deux; de cette façon, une
chaufferie peut correspondre à quatre chaudières. Il
faut dans ce cas autant de cheminées que de chambres de chauffe.

Dans certains cas on emploie des chaudières à six
foyers, du modèle que les Anglais désignent sous
le nom de *double-ended boilers*. Supposez deux
chaudières ordinaires à trois foyers, accolées par
leur fond que l'on supprime de façon à établir la
communication sur tout leur pourtour. Les boîtes
à feu des deux corps qui viennent alors se faire
face sont reliées par des entretoises; quelquefois
même on les réunit de telle sorte qu'il n'y ait plus
qu'une boîte à feu pour les six foyers. Ces chaudières sont donc chauffées par les deux bouts et
portent une boîte à fumée sur chacune de leurs
façades. Leur longueur est sensiblement égale au
double de celle d'une chaudière à trois foyers ayant
le même diamètre et une surface de chauffe moitié
moindre.

Pour montrer l'importance que peut avoir une
installation d'appareils évaporatoires à bord d'un
grand navire nous citerons deux exemples, pris
entre mille.

Dans les nouveaux paquebots de la Compagnie transatlantique du type *Champagne*, la vapeur est fournie par quatre grandes chaudières tubulaires, à retour de flamme, à six foyers, ayant un diamètre de 4^m,65 et une longueur de 5^m,60, et par quatre chaudières plus courtes, à trois foyers, ayant le même diamètre que les précédentes, mais avec une longueur de 5^m,05 seulement. La surface de grille totale est de 54^{m2},20. Ces chaudières sont disposées dans le sens de la longueur sur deux rangées. Il y a deux cheminées. Le dégagement de l'air chaud des chaufferies est assuré par quatre puits d'aérage munis de grillages à leur partie supérieure. L'air froid est amené par de nombreuses manches à vent.

Le *Tage*, croiseur à grande vitesse en construction à Saint-Nazaire pour la Marine nationale, et dont la machine développera plus de 12 000 chevaux, renferme 12 chaudières de 4^m,55 de diamètre et de 5^m,30 de longueur, comprenant en tout 56 foyers. Ces chaudières, vides et complètement nues, pèsent ensemble 461 000 kilogrammes; elles contiennent 240 000 kilogrammes d'eau. La surface de chauffe totale s'élève à 2875 mètres carrés et la surface de grille à plus de 86 mètres carrés.

L'épaisseur de l'enveloppe cylindrique est directement proportionnelle à la pression et au diamètre des corps; aussi, les grandes chaudières marines que l'on construit depuis peu pour les machines à triple expansion et qui sont timbrées à 10 ou 11 kilogrammes par centimètre carré, comportent-elles des tôles d'enveloppe de 30 à 32 millimètres d'épaisseur, bien que l'acier soit seul employé pour cet usage. On n'imagine pas les soins qu'il faut apporter à la mise en œuvre de feuilles d'acier d'une semblable épaisseur, malgré la perfection et la puissance de l'outillage moderne.

Dans la marine militaire, les chaudières à retour de flamme sont quelquefois remplacées par des générateurs à tubes directs, plus longs et de moindre diamètre que dans le type précédent. Les foyers et la boîte à feu sont sensiblement disposés de la même manière; mais les tubes sont placés dans le prolongement des foyers, de l'autre côté de la chambre de combustion, et la boîte à fumée se trouve sur le fond de la chaudière.

A bord des torpilleurs et des petits bâtiments à très grande vitesse qui ne sont pas astreints à de longs trajets, et pour lesquels il importe avant tout de réduire le poids des machines à sa plus simple expression, on emploie des chaudières semblables à celles des locomotives, mais avec des tubes plus courts.

Les chaudières marines sont à peu près munies des mêmes appareils de sûreté et des mêmes accessoires que les générateurs fixes. Elles portent toutes deux tubes de niveau d'eau sur leur façade, un de chaque côté; un manomètre; deux soupapes de sûreté à ressort placées sur le dôme et communiquant

8

avec un tuyau d'évacuation extérieur qui monte le long de la cheminée; deux régulateurs d'alimentation; deux robinets d'extraction, et un robinet de vidange.

Tous les corps évaporatoires, quel que soit leur système, sont recouverts d'un enduit, en feutre silicaté, en amiante recouvert de tôle mince, ou en quelque autre substance mauvaise conductrice, qui empêche les déperditions de calorique.

On brûle en moyenne, sur la grille des chaudières de bateau, lorsqu'elles sont bien proportionnées, de 80 à 90 kilogrammes de charbon par heure et par mètre carré. Le tirage naturel produit par l'ascension de la colonne de gaz chauds dans la cheminée ne permet guère de dépasser cette limite, même avec des chauffeurs expérimentés.

C'est pourquoi l'emploi du tirage forcé est devenu obligatoire pour la plupart des navires de guerre, torpilleurs ou cuirassés, à cause des puissances énormes qu'il faut concentrer dans un espace restreint afin d'obtenir les vitesses considérables que la nouvelle tactique et les progrès de la construction navale imposent à ces bâtiments. Grâce au tirage artificiel, on peut doubler, ou même tripler, la puissance d'un appareil donné, à condition toutefois que l'on ait prévu l'éventualité d'une marche à outrance qui entraîne quelques modifications dans les dispositions des machines ou des générateurs. D'autre part, les inconvénients du système sont nombreux et restreignent son adoption lorsqu'elle n'est pas d'une absolue nécessité. D'abord, le fonctionnement, dans la majorité des cas au moins, cesse d'être économique lors de la marche à tirage forcé. Les produits de la combustion s'échappent dans la cheminée à une haute température, la surface de chauffe des chaudières n'étant plus proportionnée à la quantité de combustible brûlée sur les grilles; de là une grande perte de calories, particulièrement dans le cas de générateurs ayant une faible surface de chauffe de réserve comme les chaudières Belleville, par exemple. En outre, pour utiliser l'excédent de vapeur fourni, on est obligé de diminuer le degré de détente. Le service des chauffeurs devient extrêmement pénible et l'attention du personnel doit être constamment en éveil. Enfin, les parties des chaudières les plus rapprochées des foyers ont à supporter des températures très élevées qui les fatiguent beaucoup, diminuent leur durée, et rendent leur entretien fort difficile. Il suffira de rappeler à ce sujet les ennuis que l'on a éprouvés avec les premières chaudières de torpilleurs où l'on ne pouvait assurer l'étanchéité à l'assemblage des tubes sur les plaques tubulaires des foyers.

Aussi, dans la marine du commerce, l'emploi du tirage forcé est-il restreint à quelques bâtiments de grande vitesse destinés à transporter des passagers et à faire de courtes traversées. D'ailleurs, il est bon de remarquer que l'adoption du tirage artificiel est plus logique pour les bâtiments de guerre que pour les navires marchands. Les premiers n'ont en effet besoin de déployer un maximum de puissance que dans certaines circonstances et pendant un temps relativement court, tandis que les paquebots doivent continuellement réaliser toute la vitesse dont ils sont pratiquement susceptibles.

Il existe trois manières de produire le tirage artificiel. Le plus simple et le moins efficace aussi, en ce sens qu'il ne produit que de faibles dépressions, consiste à envoyer à la base de la cheminée un jet de vapeur à l'aide d'un tuyau annulaire percé de petits trous. C'est un système qui est surtout propre à éclaircir les feux à un moment donné et dont le rendement n'est pas économique. Par la seconde méthode, on insuffle, à l'aide de conduits, le courant d'air produit par des ventilateurs dans les cendriers fermés des générateurs. Le troisième moyen enfin, le plus répandu aujourd'hui, et connu sous le nom de tirage en *vase clos*, consiste à lancer, au moyen de ventilateurs, dans des chambres de chauffe hermétiquement closes, et à une pression de quelques centimètres d'eau, l'air nécessaire à la combustion. Sans comparer ces deux systèmes, ce qui nous entraînerait trop loin, nous rappellerons simplement que si ce dernier mode de tirage a l'inconvénient d'exiger des dispositions spéciales pour assurer l'étanchéité des chambres de chauffe, il présente ces avantages que les chauffeurs, environnés par l'air frais, sont ainsi moins exposés à souffrir de la chaleur intense des foyers, et que l'on n'est plus obligé d'arrêter le vent pendant le chargement des grilles ou le nettoyage des cendriers.

Pour donner une idée des résultats qu'il est possible de réaliser par l'emploi du tirage forcé, il nous suffira de dire qu'avec les chaudières des torpilleurs on est arrivé par ce moyen à brûler, dans certains cas, 500 kilogrammes de charbon par heure et par mètre carré de surface de grille, avec une pression de vent égale à 15 centimètres au manomètre à eau. Or, comme un kilogramme de charbon doit produire une puissance d'un cheval au moins pendant une heure, il en résulte qu'une grille d'un mètre de côté peut suffire au fonctionnement d'une machine de 500 chevaux. Toutefois, c'est une allure forcée qu'il est très difficile de maintenir.

Les ventilateurs qui servent à alimenter les chaufferies de l'air nécessaire à la combustion dans les navires marchant avec tirage artificiel, sont généralement actionnés directement par de petites machines à vapeur et tournent à des vitesses variant suivant les pressions d'air à obtenir de 500 à 1200 tours par minute.

Comme nous l'avons mentionné plus haut, lorsque l'on fait usage du tirage en vase clos, les portes et autres ouvertures des chambres de chauffe doivent pouvoir fermer d'une façon absolument étanche, afin d'éviter les pertes d'air, la pression de l'air étant à l'intérieur notablement supérieure à celle de l'atmosphère.

Il faut descendre dans les chambres de chauffe et de machines d'un croiseur à grande vitesse, de 10 à 12 000 chevaux, dont l'appareil fonctionne à toute volée. Le bourdonnement des ventilateurs, l'ébullition prodigieuse qui se produit dans ces immenses chaudières et qui fait trembler jusqu'à la carcasse du bâtiment, l'armée de chauffeurs et de soutiers se démenant fiévreusement au milieu d'une atmosphère chaude et comprimée, l'éblouissante clarté de tous ces foyers chauffés à outrance, le sifflement de la vapeur, la vue des énormes organes de la machine tournant avec une vitesse terrible, forment un spectacle qui plonge dans la stupeur le spectateur le plus endurci. Aussi quitte-t-on avec un certain soulagement cette vie artificielle, d'une exagération fébrile et qui donne le vertige.

De la machine motrice. — Nous n'avons pas à décrire ici le principe du fonctionnement des appareils à vapeur. Nous nous proposons seulement d'examiner la machine marine au point de vue mécanique et pratique, de façon à faire connaître son agencement, sa configuration générale et à faire ressortir le traits principaux qui la caractérisent.

Tout ce que nous allons dire au début de ce chapitre se rapporte d'une manière générale aux ap-

pareils à hélice qui sont de beaucoup les plus répandus. Plus loin, nous nous occuperons un instant des machines à roues et nous étudierons les
particularités qui les distinguent, en ne prenant
bien entendu, comme exemples, que les plus récemment exécutées.

Les machines actuellement employées à la propulsion des navires sont toutes à connexion directe,
c'est-à-dire que le mouvement alternatif du piston
est simplement transmis à l'arbre par une bielle,
sans intermédiaire de balancier ou de renvois de
mouvements. En outre, elle sont toutes à bielle directe, c'est-à-dire que ce dernier organe se trouve
placé entre l'arbre et le cylindre : les appareils à
bielle renversée, jadis fort en honneur dans la marine militaire, ne sont plus usités que dans un fort
petit nombre de cas.

Les appareils des paquebots ou des navires de
commerce sont toujours du type vertical à pilon.
L'arbre d'hélice est placé dans une position sensiblement horizontale au fond de la cale et dans le
sens de la longueur du bâtiment; l'axe de la machine, perpendiculaire à cet arbre, est donc sensiblement vertical. Les cylindres sont supportés au-
dessus des manivelles et à une distance suffisante
pour que l'on puisse interposer dans l'intervalle les
organes intermédiaires.

La faveur générale dont jouissent les machines à
pilon provient de ce que ces appareils sont plus fa-

ciles à installer dans le navire, la place manquant rarement dans le sens de la hauteur, tandis que, transversalement, elle est presque toujours insuffisante. En outre, cette disposition permet d'employer des bielles plus longues et d'établir une machine qui soit moins ramassée, mieux groupée, plus accessible, plus facile à surveiller. Le démontage et la visite des pistons se font plus aisément; enfin, l'intérieur des cylindres n'ayant pas, comme dans une machine horizontale, à supporter le poids des pistons, s'use moins inégalement et ne s'ovalise pas.

Pour les navires de guerre, ces avantages sont largement compensés par ce fait que la machine verticale, s'élevant beaucoup au-dessus de la flottaison, se trouve exposée aux coups de l'artillerie ennemie. Aussi, dans la marine militaire, presque tous les appareils moteurs sont-ils placés horizontalement, à la hauteur de l'arbre et entièrement au-dessous de la ligne de flottaison. Ils sont donc mieux protégés, surtout si on les recouvre d'un pont cuirassé ou d'une double paroi horizontale formant soute à charbon.

Reportons-nous à la figure 12 qui est relative à une machine marine compound et représente une section verticale faite par l'axe de l'arbre.

L'arbre de l'hélice se trouve constitué par une série de bouts d'arbres, jonctionnés à l'aide de plateaux boulonnés, et supportés de distance en distance par des paliers.

Cet arbre sort à l'arrière du navire par un œil ménagé dans l'étambot ; des coussinets en gaïac, solidement fixés dans un cylindre en fonte appelé *tube d'étambot* le maintiennent en ce point. La partie de l'arbre qui sort du bâtiment est tournée conique pour offrir un emmanchement convenable à l'hélice qui y est clavetée et boulonnée à demeure. Afin d'empêcher l'eau de filtrer entre l'arbre et les coussinets du tube d'étambot et de pénétrer à l'intérieur du navire, l'arbre est muni, à son passage dans chacune des cloisons, d'un presse-étoupes qui assure l'étanchéité. Le presse-étoupes le plus important, puisqu'il est toujours en communication avec la mer, est celui de l'extrême arrière qui est solidaire du tube en question. Dans toute la portion de sa longueur en contact avec l'eau de mer, l'arbre est entouré de chemises en cuivre rouge ou en laiton, parfaitement étanches, qui le protègent de la corrosion.

La propulsion du navire est, on le sait, produite par la poussée longitudinale qu'exerce sur lui l'hélice en tournant dans la masse liquide, poussée qui ne peut être transmise que par l'arbre. Il faut donc assurer en un point quelconque de ce dernier une surface de contact suffisante pour que le frottement, créé par la pression de l'arbre, joint à celui qu'engendre son mouvement de rotation, se fasse sans

grippement ni échauffement. C'est le but du palier
de butée (fig. 18). Le bout d'arbre, immédiatement
à l'arrière de l'arbre à manivelles, porte en son
pourtour, sur une certaine longueur, une série
de collets découpés au tour et qui tournent dans

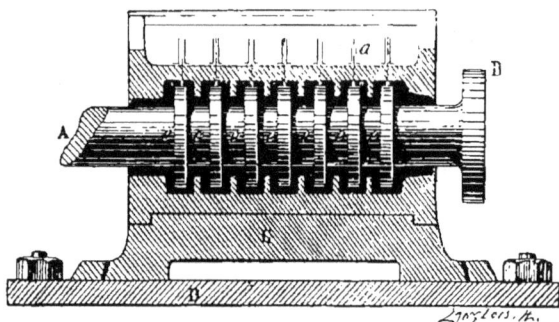

Fig. 18. — Palier de butée ; coupe.

autant de gorges ménagées à l'intérieur des coussinets du palier de butée. Le tout est abondamment
graissé et arrosé d'eau. Le palier est solidement
fixé à la coque du navire qu'il doit entraîner.

La partie de l'arbre qui reçoit directement le
mouvement des pistons et qui se trouve par le travers de la machine s'appelle l'*arbre à manivelles*.
Il est muni de vilebrequins robustes sur lesquels
viennent s'atteler les bielles motrices. Il y a deux
ou trois coudes, suivant que l'appareil est une machine compound ordinaire ou une machine compound à trois cylindres. Dans le premier cas, les
manivelles sont calées à angle droit; dans le second, elles sont généralement espacées de 120°.

Pour donner une idée des dimensions énormes que ces vilebrequins peuvent atteindre dans les grosses machines, nous avons représenté figure 19, d'après une photographie, une portion de l'arbre à manivelles d'un grand paquebot, posée dans l'atelier sur des billots de bois, à côté d'un homme de taille

Fig. 19. — Fraction d'arbre à manivelles.

moyenne qui peut servir d'échelle. Il n'est pas rare de voir de semblables arbres, en acier, ayant un diamètre de 0^m,60. Lorsque les arbres à manivelles offrent de telles dimensions, on les compose d'autant de pièces qu'il y a de vilbrequins, réunies par des tourteaux de jonction et des boulons. Cela présente plusieurs avantages. D'abord l'arbre est plus facile à faire et à manier dans la forge où on l'exécute; ensuite, si une des manivelles ou une des portées vient à casser, on n'a pas besoin de remplacer l'arbre entier, mais seulement la partie endommagée, ce qui est à la fois moins coûteux et moins difficile.

L'arbre à manivelles est maintenu par des coussinets et des paliers faisant partie de la plaque de fondation de la machine, dans lesquels il tourne.

La plaque de fondation est toujours en fonte, elle est très robuste et sert d'assise à tout l'ensemble de l'appareil, puisqu'elle porte l'arbre, les cylindres et les tiroirs, par l'intermédiaire des bâtis verticaux et du condenseur. Elle repose sur des carlingues spéciales bien dressées qui font partie de la charpente du navire et auxquelles elle est fixée par des boulons.

Les cylindres sont maintenus au-dessus de l'arbre par des supports en fonte, creux, dont le pied repose sur la plaque de fondation. Ces supports affectent le plus souvent la forme qu'on leur a donnée figure 12; ils portent les glissières des tiges de piston et, d'un côté, sont fondus avec l'enveloppe du condenseur. Quelquefois, les bâtis verticaux qui se trouvent du côté opposé au condenseur sont remplacés par des colonnes en fonte ou en acier (fig. 24). Dans ce cas, la glissière unique se trouve placée contre le condenseur; elle est disposée pour servir dans les deux sens de rotation.

Comme nous l'avons expliqué, le condenseur des machines marines est toujours à surface, c'est-à-dire que la vapeur est condensée par le contact de

tubes très petits, à l'intérieur desquels circule de
l'eau froide. Il n'y a pas mélange de l'eau douce
résultant de la condensation de la vapeur avec l'eau
de mer réfrigérante. Celle-ci est refoulée à la mer,
à sa sortie des tubes du condenseur, à une température de quarante degrés environ.

Le condenseur se compose toujours d'une boîte
en fonte, parfaitement étanche, dans laquelle on
amène, par un tuyau spécial, la vapeur d'échappement du cylindre de détente. Les deux petits côtés
verticaux de cette boîte, disposés transversalement
à l'axe du bâtiment, sont formés par des plaques
en bronze percés d'autant de trous qu'il y a de
tubes dans le condenseur. Ces trous se correspondent deux à deux d'une plaque à l'autre. On y
passe les tubes à frottement dur et on les y assujet-
tit par des petits presse-étoupes qui assurent en
outre l'étanchéité. En dehors de chacune de ces
plaques se trouve une coquille en fonte qui la
recouvre; par l'une se fait l'arrivée d'eau, par
l'autre, sa sortie. Généralement, on ne dispose pas
dans la chambre de machine d'un espace suffisant
pour que l'on puisse donner aux tubes une longueur
telle que l'eau de circulation ait le temps d'absorber
tout ce qu'elle peut prendre de chaleur à la vapeur.
Dans ce cas, on dispose deux ou trois circulations,
c'est-à-dire que l'eau revient sur elle-même deux
ou trois fois par autant de rangées de tubes suivant
le sens de la hauteur (fig. 20).

Les tubes sont toujours en laiton étamé; ils ont une épaisseur de 1 millimètre, et leur diamètre extérieur est généralement de 16 à 18 millimètres. Une machine de 12 000 chevaux possède environ 11 000 tubes semblables ayant une longueur totale de 30 à 35 kilomètres.

La circulation de l'eau dans le condenseur est assurée : soit par une pompe à mouvement alterna-

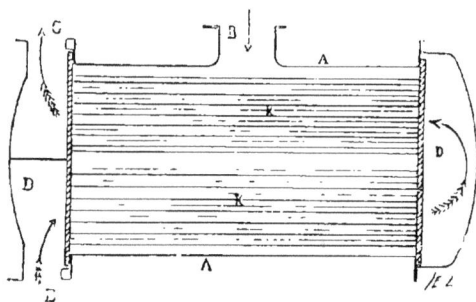

Fig. 20. — Coupe simplifiée d'un condenseur à surface.

tif conduite par la machine elle-même, soit plus généralement par une pompe rotative indépendante, appelée *turbine*, que meut un moteur spécial et qui tourne à raison de 150 à 500 tours à la minute (fig. 21). On peut de la sorte continuer à refroidir le condenseur pendant les stoppages de courte durée, de telle sorte que la machine se mettra en route dès qu'on le désirera, puisque le condenseur reste froid.

Le mouvement alternatif des pistons est transmis aux manivelles et transformé en mouvement circu-

laire continu par l'intermédiaire des bielles. Chacune d'elles vient s'articuler par sa *tête* sur un
des vilebrequins et par son *pied* à la traverse de la
tige du piston. La tête et le pied de bielle, lequel
est simple ou à fourche, sont munis de coussinets
et de boulons, afin qu'on puisse les démonter et

Fig. 21. — Turbine de circulation et son moteur.

rattraper le jeu que cause l'usure des pièces
frottantes. Comme tous les organes du mécanisme,
les bielles se font aujourd'hui en acier forgé ; les
coussinets sont en bronze avec garniture intérieure
en antifriction ou en métal blanc.

Les pistons sont toujours composés d'une *souche*
creuse, munie à son pourtour d'une bague en fonte
ayant presque toute la hauteur du piston, que sa
bande naturelle et des ressorts spéciaux concourent

à appliquer sur les parois du cylindre, dans le but d'assurer l'étanchéité.

La tige est assemblée au piston par un emmanchement à cône et boulon. Elle traverse le fond du cylindre dans un presse-étoupe et vient s'articuler à la bielle au moyen de sa *crosse* qui porte en même temps les coulisseaux des glissières, dont le but est de guider la tige de piston et d'absorber l'effort transversal dû à l'obliquité de la bielle.

Dans les machines des torpilleurs et dans les appareils destinés à tourner avec une vitesse considérable, soit de 300 à 400 tours par minute, pour diminuer le poids et par conséquent l'inertie des pièces en mouvement, les pistons se font en acier, les bielles et les tiges sont forées dans le sens de leur longueur, ce qui les allège beaucoup sans compromettre leur solidité.

Les cylindres sont en fonte douce, et coulés d'un seul jet avec leur boîte à tiroir, conduits de vapeur, pattes d'attache, nervures, etc. Dans les petites machines compound, les cylindres sont généralement fondus ensemble, d'une seule pièce ; dans les appareils puissants, au contraire, chacun des cylindres est coulé à part ; leur réunion est opérée par des boulons. Presque toujours, les cylindres des machines de construction récente sont munis d'enveloppes, dans lesquelles circule de la vapeur à la température des chaudières, et qui ont pour but d'empêcher les condensations à l'intérieur du cylindres. On profite de cette disposition pour rapporter le corps intérieur du cylindre sur lequel vient frotter le piston, que l'on fait en fonte plus dure. L'enveloppe est alors constituée par l'intervalle resté libre entre le corps et la partie extérieure du cylindre. La vapeur des chemises est amenée par un petit tuyau spécial, elle est emmenée au condenseur, après s'être condensée dans l'enveloppe à laquelle elle a abandonné son calorique, par une purge spéciale.

Les corps intérieurs des cylindres sont boulonnés avec soin à une extrémité et de l'autre sont ajustés par un joint qui permet la dilatation du métal. Il va sans dire que les joints ainsi constitués doivent être étanches afin de ne pas laisser passer la vapeur des enveloppes dans les cylindres. Dans la figure 12, le petit cylindre seul possède une chemise de vapeur.

Les tiroirs sont, on le sait, les organes chargés de distribuer alternativement la vapeur sur les deux faces du piston et de l'évacuer du cylindre quand elle a agi. Ils se trouvent placés sur les côtés des cylindres, dans des boîtes spéciales. Le mouvement alternatif des tiroirs, dont l'amplitude est bien moindre que celle des pistons moteurs, est obtenu au moyen d'excentriques calés sur l'arbre. On dispose, pour chaque tiroir, un excentrique de marche avant et un excentrique de marche arrière; les extrémités de leurs bielles sont reliées par une coulisse de Stephenson, mobile transversalement, de telle sorte que le mécanicien puisse, à l'aide d'un organe de rappel, présenter un des points quelconques de la coulisse en face du bouton de la tige de tiroir auquel elle communique son mouvement. Quand le milieu de la coulisse commande le tiroir, la machine ne peut fonctionner, à cause de l'imperfection de la distribution opérée par ce point du secteur; c'est le *point mort*. On met la coulisse dans cette position lorsque l'on veut stopper. Les divers points de la coulisse, à droite ou à gauche correspondent au sens de la marche pour lequel est approprié l'excentrique du même côté. La durée de l'introduction est d'autant plus faible que la coulisse commande la tige du tiroir par un point plus voisin du point mort. Le contrôle des coulisses est opéré au moyen d'un dispositif spécial, comme nous le verrons plus loin, ce qui permet au mécanicien de modifier à tout instant l'allure de sa machine ou le sens de la marche.

En se reportant à la figure 12, le lecteur apercevra nettement en projection les coulisses et les excentriques des deux tiroirs.

La coulisse de Stephenson n'est pas le seul système de changement de marche qui existe. Depuis quelques années surtout, des mécanismes fort ingénieux et plus parfaits ont fait leur apparition. Ainsi, un Anglais, M. Joy, a fait patenter vers

1880 un nouvel appareil de changement de marche sans excentriques. Le mouvement du tiroir dérive d'un point convenablement choisi sur la bielle motrice; il est transmis par un ensemble de tiges, de leviers, et d'une coulisse dont le sens ou le degré d'inclinaison déterminent le sens de la marche et le degré de détente. Une autre distribution, celle de M. Marshall, n'emploie qu'un seul excentrique par tiroir. Ces deux dispositifs se recommandent par la bonne répartition de la vapeur; on peut, par suite de leur emploi, pousser la détente plus loin qu'avec les coulisses ordinaires. En outre, ils permettent de placer les tiroirs latéralement et non plus à cheval au-dessus de l'arbre et entre les cylindres, ce qui les rend plus facilement visitables ou accessibles et diminue la base de la machine.

Les tiroirs de distribution, en usage pour les machines marines, sont en principe semblables aux tiroirs à coquille des locomotives ou des moteurs fixes. Ils ne diffèrent que par leurs dimensions qui sont bien plus considérables et qui obligent presque toujours à les munir, du côté opposé à la glace, d'un compensateur dont le rôle est d'atténuer la pression que leur fait supporter la vapeur, laquelle crée des frottements énormes quand les tiroirs présentent des dimensions excessives. A cause de la grande vitesse des pistons dans les appareils de navigation, les conduits de vapeur doivent pré-

senter des sections considérables, ce qui entraînerait à donner aux lumières une hauteur exagérée
et à augmenter outre mesure la course des tiroirs
si, pour remédier à cet inconvénient, on ne faisait
les tiroirs à deux, trois, ou même quatre orifices.
De telle façon que, pour une même section de
lumières, la course du tiroir soit deux, trois, ou
quatre fois moindre que si les orifices étaient
simples.

Depuis quelque temps on emploie beaucoup, pour
les machines marines, des tiroirs cylindriques ou
à piston qui présentent l'avantage d'être parfaitement équilibrés, mais qui sont moins étanches que
les tiroirs ordinaires s'ils ne sont pas parfaitement exécutés.

Un autre organe indispensable aux appareils de
navigation est la *pompe à air*, dont le but est
d'extraire du condenseur l'eau produite par la
condensation de la vapeur et l'air qui, contenu
dans cette vapeur, viendrait au bout d'un certain
temps détruire le vide et gêner le fonctionnement.
On donne toutefois aux pompes à air des dimensions suffisantes pour qu'elles puissent également
extraire l'eau d'injection, dans le cas où une avarie
aux pompes de circulation obligerait à opérer
momentanément, dans le condenseur à surface, la
condensation par mélange. La pompe à air est
presque toujours verticale et actionnée par un
balancier qui prend son mouvement sur une des

traverses des tiges de piston. Elle est entièrement
en bronze afin de ne pas être corrodée ni oxydée;
ses clapets sont en caoutchouc; elle est ordinairement à simple effet et du type dit élévatoire. Elle
puise au fond du condenseur le mélange d'eau et
d'air qu'elle refoule dans la *bâche*, sorte de réservoir placé un peu plus haut, à l'intérieur duquel
les pompes alimentaires viennent aspirer l'eau qui
sort du condenseur pour la refouler aux chaudières. C'est donc toujours la même eau qui sert à
l'alimentation et c'est de l'eau douce, puisqu'elle
est successivement vaporisée, puis condensée, ce
qui revient à la distiller. En pratique, il existe des
causes de pertes telles que les fuites, qui obligent
à ajouter constamment une très faible quantité
d'eau de mer dans le condenseur à l'aide d'un petit
tuyau dit *d'addition*, afin de remplacer le liquide
perdu pendant un circuit complet du condenseur
à la chaudière et de la chaudière au condenseur
en passant par la machine motrice.

La partie supérieure de la bâche communique
avec la mer; de cette façon, lorsque pour une
raison quelconque il n'est pas nécessaire d'alimenter pendant un certain temps, le niveau de l'eau
dans la bâche finit par monter et le trop-plein se
déverse au dehors. Un bon mécanicien doit s'attacher à ce que semblable occurrence ne puisse se
produire, car elle entraîne une perte d'eau douce
que l'on est dans l'obligation de remplacer par de

l'eau de mer dont on connaît les inconvénients dans les chaudières à haute pression.

A bord des navires du commerce, les pompes alimentaires et de cales, toujours par paires, sont généralement placées contre la pompe à air et menées par la même traverse que le piston de cette dernière. Dans les appareils des navires de guerre, la tendance actuelle est au contraire d'isoler toutes les pompes de la machine principale et de les commander par un moteur spécial, appelé *machine de servitude*.

Ce dispositif présente cet avantage que l'on continue à alimenter ou à maintenir le vide au condenseur lorsqu'on stoppe la grande machine ou que l'on est exposé à varier constamment son allure comme cela peut arriver pendant le combat.

Maintenant que nous avons décrit sommairement les organes principaux d'une machine marine, il nous reste à dire un mot des accessoires et du tuyautage.

Dans la première catégorie, nous rangerons d'abord le registre de vapeur ou papillon, qui correspond au régulateur d'une locomotive, et grâce auquel le mécanicien, à l'aide d'un levier ou d'un volant à main, règle la quantité de vapeur que doit consommer la machine. Ensuite, vient l'appareil de changement de marche qui commande les coulisses et permet au chef de quart d'exécuter les manœuvres qui lui sont commandées du pont :

tourner en avant, en arrière, ralentir, stopper, etc.,
ainsi que d'opérer le degré de détente qu'il juge
convenable. Dans les machines dont la puissance
dépasse quatre à cinq cents chevaux, la commande
du changement de marche se fait à la vapeur sous
la direction du mécanicien, au moyen, soit d'un
servo-moteur analogue à ceux que nous avons

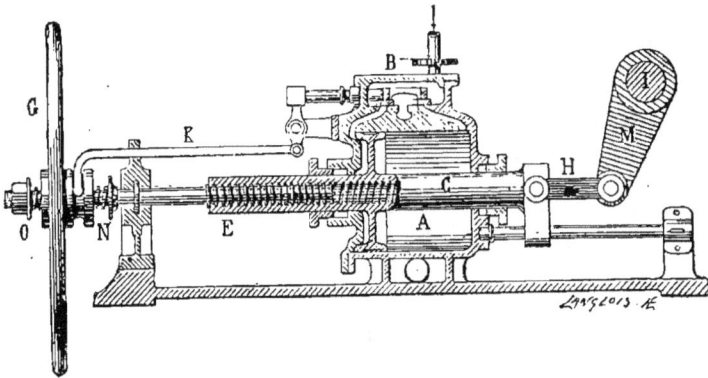

Fig. 22. — Manœuvre de changement de marche, à vapeur.

décrits dans un autre chapitre, soit d'une petite
machine à vapeur ordinaire, soit plutôt encore à
l'aide d'un mécanisme dont la figure 22 indique le
principe. Un cylindre à vapeur A, contient un
piston qui peut recevoir la pression de la vapeur
sur l'une quelconque de ses faces et dont la tige C,
creuse, est filetée intérieurement. Un petit tiroir B
permet de distribuer la vapeur de l'un ou de
l'autre côté du cylindre ou de l'évacuer; il est relié
au volant de manœuvre G, par une tringle K et par
une couronne annulaire. La tige du piston de l'ap-

pareil commande l'arbre de rappel des coulisses J, par l'intermédiaire d'une bielle H, et d'une manivelle M. On conçoit que, la vapeur agissant sur le piston, aucun mouvement ne puisse se produire avant que l'on ne fasse tourner la vis E. A cet effet, cette dernière porte la roue à main G à laquelle le mécanicien peut imprimer un mouvement de rotation. Cette roue n'est pas calée à demeure sur l'arbre F; elle peut tourner librement d'une demi-révolution environ, autour d'une vis à pas rapide faisant partie de l'arbre E, et avancer ainsi d'une quantité égale à la course du tiroir distributeur. Quand le volant G vient en contact avec le butoir N, la vapeur est introduite sur une des faces du piston; quand elle vient en contact avec le butoir O, c'est l'autre côté du piston qui reçoit la vapeur. Dans ces deux positions extrêmes, le volant vient se serrer contre son butoir quand on le fait tourner, et actionne la vis E : le piston du changement de marche peut alors obéir à l'action de la vapeur sous le contrôle du mécanicien, et modifier la position des coulisses à la volonté de ce dernier. Dès qu'on cesse d'agir sur le volant, tout mouvement s'arrête. On voit qu'il est possible de manœuvrer ainsi le changement de marche avec l'aide de la vapeur, sans qu'il se produise de chocs brusques.

On peut remplacer la vis de manœuvre par un cylindre, rempli d'eau ou d'huile, dans lequel se meut un petit piston solidaire du piston à vapeur commandant le changement de marche. Les deux extrémités du cylindre hydraulique communiquent entre elles par un tuyau de faible section muni d'un robinet qui est relié au tiroir de l'autre cylindre. Si ce robinet est ouvert, le liquide peut passer d'un côté du piston sur l'autre, et la tige commune aux deux pistons qui actionne le changement de marche obéit à l'action de la vapeur, suivant le sens dans lequel celle-ci est introduite par le moyen du tiroir. Si le robinet est fermé, tout mouvement s'arrête ; les coulisses restent dans la position où l'on veut les placer. Un mécanisme fort simple permet au mécanicien de quart de contrôler, avec un seul levier, le tiroir et le robinet *verrouilleur*. Cette dernière disposition est employée à bord de beaucoup de paquebots. La manœuvre à vis, au contraire, est généralement usitée pour les appareils de nos bâtiments de guerre.

Parmi les accessoires des machines marines, citons encore : les appareils de graissage ; les *petits-chevaux* alimentaires (fig. 23) qui sont surtout mis en œuvre quand la machine principale est stoppée sous pression[1], les *monte-escarbilles*, dont le but est de retirer des chaufferies les mâchefers et les

---

1. Les petits-chevaux sont des pompes indépendantes, mues par un moteur à vapeur spécial, et qui servent, soit à l'alimentation des chaudières pendant les arrêts, soit à l'épuisement des cales, soit au lavage du pont. Leurs organes sont aussi ramassés que possible. On les loge où l'on peut, le plus souvent dans des recoins où leur présence ne gêne pas le service des mécaniciens ou des chauffeurs.

cendres que l'on rejette à la mer; les moteurs des
dynamos pour l'éclairage électrique; les *vireurs*,
petits moteurs que l'on emploie à tourner la grande
machine quand les feux ne
sont pas allumés et que l'on
a besoin d'exécuter une réparation, un réglage ou une
visite ; les chaudières auxiliaires, généralement placées
sur le pont, dans un roof,
qui alimentent de vapeur les
treuils et· les appareils auxiliaires ; les pompes de cale
indépendantes; les éjecteurs ;
le tiroir d'introduction directe de vapeur au grand
cylindre, et une série d'engins et d'organes qui font
d'une machine marine tout
un monde complexe.

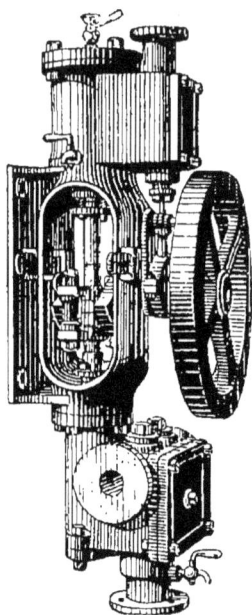

Fig. 23. — Petit-cheval.

Nous avons cité tout à l'heure les appareils de
graissage. Nous rappellerons à ce propos que les
cylindres et tiroirs ne se graissent plus jamais directement, mais que leur lubréfication est simplement effectuée à l'aide d'engins spéciaux, appelés
graisseurs à déplacement, qui laissent tomber
goutte à goutte de l'huile minérale : valvoline.
oléonaphte, dans le courant de vapeur allant au
petit cylindre. C'est cette vapeur ainsi graissée qui

lubréfie les surfaces frottantes, même dans les recoins les plus reculés où un graisseur ordinaire ne
réussirait pas à envoyer une seule goutte d'huile.
L'adoption de ce petit appareil a permis de réduire
énormément la consommation d'huile dans les machines marines, ce qui est tout avantage, plus encore par la meilleure conservation des chaudières
que par l'économie réalisée directement.

Quant à la tuyauterie d'une grande machine marine, c'est une des choses les plus compliquées qui
existe, et la longueur totale des tuyaux qui la composent ne peut se compter que par kilomètres. On
distingue les tuyautages de vapeur des machines
principales et auxiliaires ; les tuyautages d'échappement des mêmes ; les tuyautages d'aspiration des
pompes de cale, de circulation, d'alimentation, et
de leurs refoulements ; les tuyaux et les caisses de
purge des cylindres et de leurs enveloppes, des boîtes
à tiroir, des fonds et des couvercles de cylindres ;
les tuyaux d'arrosage, de graissage, d'extraction ;
les prises d'eau diverses à la mer ; le tuyautage des
soupapes de sûreté, des treuils à vapeur, appareils
à gouverner et guindeaux ; des water-ballasts, etc.
On se fera une idée de cette complexité lorsqu'on
saura que tel petit-cheval, par exemple, doit être
susceptible d'aspirer : soit dans un quelconque des
compartiments étanches, soit à la mer, soit à la
bâche, soit dans les caisses de purge, soit dans les
water-ballasts, et de refouler : soit dans une quel-

conque des chaudières, soit à la mer, soit sur le pont pour le lavage, soit dans la chaudière des treuils. Tous les petits-chevaux ont un double tuyautage, car ils peuvent être alimentés de vapeur par n'importe laquelle des grandes chaudières ou par la petite chaudière qui se trouve sur le pont.

En un mot, tout ceci constitue un véritable dédale de tuyaux, de valves, de robinets, de soupapes, de boîtes de distribution, la plupart du temps cachés dans l'obscurité de la cale, sous les parquets, dans des recoins presque inaccessibles. Aussi un mécanicien qui change de bateau se trouve-t-il pendant quelque temps dépaysé à bord du nouveau bâtiment qu'il dirige, car les dispositions de la machine et de la tuyauterie diffèrent quelquefois profondément d'un navire à l'autre. Quel soin et quelle attention il faut déployer quand on monte un appareil neuf pour que tous les éléments de ce monde complexe soient convenablement groupés et réunis! Et dire que la première fois qu'on fait tourner une machine et qu'on fait circuler dans ces mille tuyaux de la vapeur ou de l'eau à des pressions de 6 à 10 atmosphères, il se rencontre le plus souvent à peine un joint qui vienne à fuir!

Nous avons représenté, (fig. 24), d'après une photographie, la vue d'ensemble d'un appareil à trois cylindres, prise du parquet de manœuvre qui se trouve limiter le dessin à la partie inférieure. On remarquera que les cylindres sont supportés, d'un côté, par le condenseur et par des montants qui portent les glissières ; de l'autre, par trois colonnes inclinées. Le mécanisme de cet appareil est

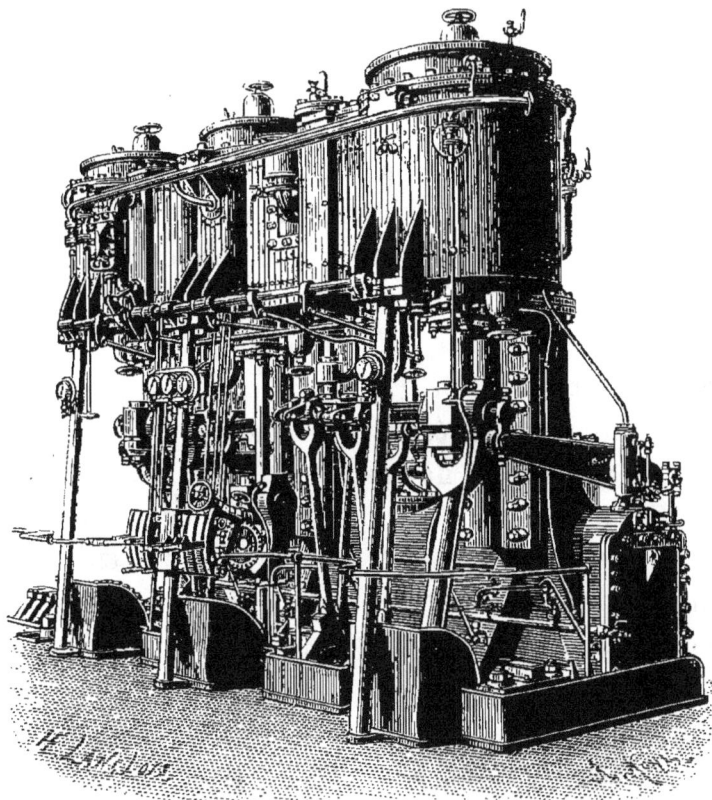

Fig. 21. — Vue perspective d'une machine marine à trois cylindres.

très accessible et les mécaniciens de quart peuvent continuellement surveiller le fonctionnement de tous les organes. Pendant les manœuvres, le chef de quart se tient à peu près en face de la colonne du milieu, contre laquelle se voient tous les leviers de manœuvre et le petit volant de changement de marche. A portée de la main du mécanicien se trouvent les commandes du registre de vapeur, du changement de marche, de la mise en train, des robinets de vapeur aux enveloppes et des purges. Sous ses yeux, contre les colonnes qui supportent les cylindres, sont placés les manomètres indiquant constamment la pression aux chaudières, aux boîtes à tiroir, au réservoir intermédiaire, ainsi que le vide au condenseur. Derrière ce dernier, sont les pompes à air, d'alimentation et de cale, commandées par le balancier articulé à la tige du premier cylindre sur la droite.

Installation générale des machines et chaudières à bord du navire. — Dans un bâtiment à hélice unique, la machine est placée dans l'axe du navire, transversalement, comme on peut s'en rendre compte par l'examen de la figure 25. Du côté du condenseur sont tous les appareils de servitude, les pompes, les tuyautages d'eau et d'échappement. Du côté opposé, se trouve le parquet de manœuvre qui est dégagé afin d'y rendre la circulation facile.

Le dessus des cylindres se trouve souvent à la hauteur du pont supérieur. Dans la *Champagne*, la hauteur totale des machines, du couvercle des petits cylindres au carlingage, dépasse 12 mètres : la hauteur d'une maison à trois étages.

Quand il y a deux lignes d'arbres et deux appareils, chacun de ceux-ci est placé sur le côté par

rapport au plan diamétral du steamer ; le condenseur et les pompes sont généralement placés en

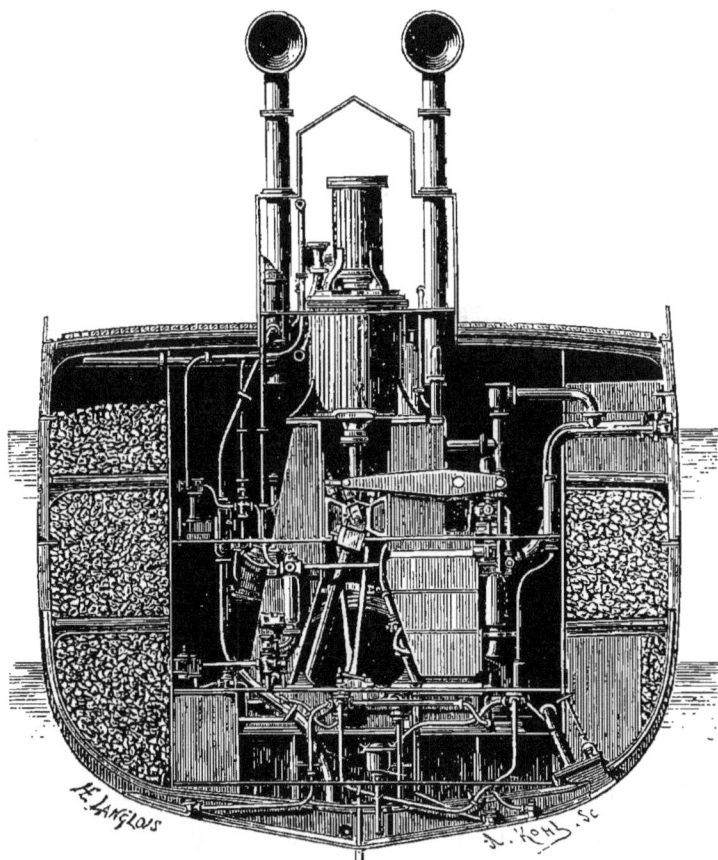

Fig. 25. — Coupe transversale dans la chambre des machines.

abord et le parquet de manœuvre entre les deux
machines.

D'autres fois, on adopte la disposition inverse, le
condenseur est commun pour les deux machines
et situé entre elles (fig. 26).

La figure 27 représente la coupe longitudinale
des chambres de machines et de chauffe dans un
cargo-boat de dimensions moyennes. L'appareil
moteur est placé immédiatement à l'arrière de la
chaudière dont les portes des foyers sont situées
vers l'avant, du côté opposé. Un coup d'œil sur
cette gravure en apprendra plus qu'une longue
description.

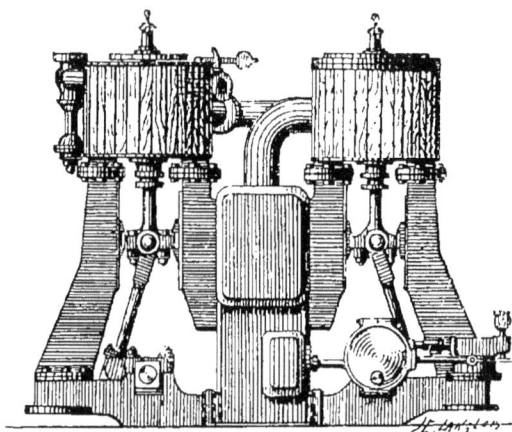

Fig. 26. — Machines pour hélices jumelles.

Quant à la figure 28, elle représente l'installation générale, dans le sens de la longueur, des
appareils moteurs et évaporatoires d'un grand paquebot.

La machine se compose de deux appareils Woolf
accouplés, à cylindres superposés. Le parquet de
manœuvre est à la partie inférieure. Un peu au-
dessus on voit le volant du changement de marche
et deux des petits-chevaux. Tout à fait à gauche de

la figure, sont le palier de butée et l'échelle de des-

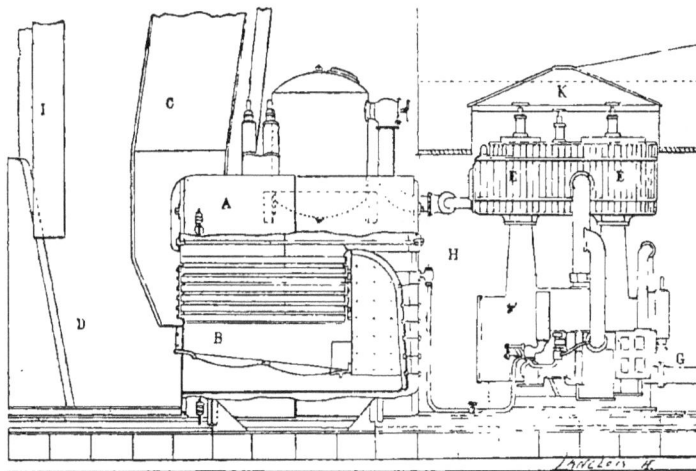

Fig. 27. — Installation de la machine et de la chaudière dans un petit steamer.

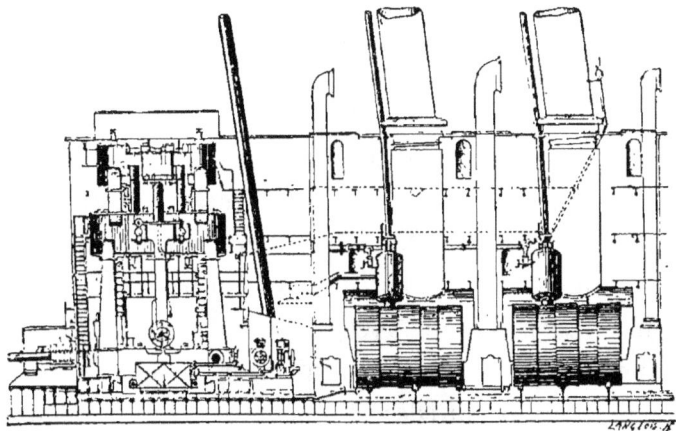

Fig. 28. — Installation de la machine et des chaudières dans un paquebot.

cente. Une cloison étanche, munie de portes, sépare les chaufferies de la chambre des machines.

10

L'ensemble des appareils évaporatoires se compose de deux files de chaudières à six foyers ; deux corps seulement sont visibles. Il y a deux cheminées, huit boîtes à fumée, et trois chambres de chauffe. On voit que les chaudières sont surmontées de coffres à vapeur, où viennent aboutir les tuyaux qui alimentent la machine. Dans le fond de chacune des trois chaufferies on aperçoit les portes des soûtes à charbon. Deux files de trois manches à vent amènent l'air frais à quelques mètres au-dessus du parquet.

Dans un grand paquebot de 10 000 chevaux, la longueur occupée par l'ensemble de l'appareil moteur dépasse souvent 40 mètres. Une telle machine, en y comprenant chaudières, eau, tuyautage, accessoires, parquet de manœuvre, cheminées, pèse le poids en apparence énorme de 1 800 000 kilogrammes, ce qui ne fait pourtant que 180 kilogrammes par cheval indiqué. D'ailleurs, le poids de l'eau contenue dans les chaudières entre à lui seul dans le chiffre total pour environ 400 tonnes !

Les machines des bâtiments à aubes offrent des différences profondes avec celles des navires à hélice. D'abord, elles tournent moins vite, ce qui les rend beaucoup plus lourdes et encombrantes pour une puissance donnée. Ensuite, l'arbre des roues, au lieu d'être disposé longitudinalement à fond de cale, est placé transversalement, sensiblement à la hauteur du pont. Enfin, les bateaux à roues, ayant généralement peu de creux, on ne peut pas toujours y établir des machines verticales. Quant aux chaudières, elles sont en tout semblables à celles des steamers à hélice.

Aujourd'hui, les appareils à aubes se rapportent presque tous à deux types principaux : les machines oscillantes, verticales ou inclinées, et les machines à bielle directe, inclinées. Il n'est pas besoin de dire que tous ces appareils sont également du système compound.

Dans les paquebots à aubes à grande vitesse, comme ceux qui font le service des passagers et de la malle dans le Pas-de-Calais, dans la Manche et dans la mer d'Irlande, la machine est presque toujours à cylindres oscillants. Ceux-ci sont placés verticalement au-dessous de l'arbre, côte à côte, et actionnent deux manivelles à angle droit, ou bien sont inclinés chacun de 45 degrés par rapport à la verticale de l'arbre ; ils sont alors situés dans le même plan longitudinal qui correspond à celui du navire et attelés à un même vilebrequin.

Dans l'*Ireland* qui fait le service de Dublin à Holyhead, et qui possède une vitesse de 20 nœuds, les deux cylindres ont chacun 2^m,75 de diamètre intérieur ; — pour des raisons particulières on n'a pas adopté le mode compound. Rien n'est plus majestueux que la vue de ces énormes cylindres accomplissant lentement leurs oscillations régulières.

Certains navires à roues : grands remorqueurs, avisos, ferry-boats, sont actionnés par des machines compound inclinées, semblables à celles dont la figure 29 représente une vue générale prise du côté opposé à l'arbre. Le parquet de manœuvre se trouve au niveau du pont supérieur; il est supporté par les deux poutres indiquées sur la gravure. Le mécanicien qui s'occupe de la manœuvre, est assis sur un siège métallique, en face de la roue du changement de marche, disposée horizontalement; de chaque côté de la colonnette qui supporte le volant, sont les leviers de commande du registre de vapeur, de la mise en train, des purges, etc. Dans cette machine, les tiroirs, dont les boîtes sont très apparentes, se trouvent placés au-dessus des cylindres, et la distribution est opérée sans excentriques au moyen de la nouvelle distribution du système Joy. Le condenseur est disposé transversalement, au-dessous de l'arbre auquel il sert de support.

D'autres fois, on place le petit cylindre horizontalement, au-dessus du cylindre de détente qui est au contraire légèrement incliné. Ils commandent alors une manivelle commune. Ce genre de machine présente l'avantage d'occuper une faible partie de la largeur du bâtiment, ce qui permet de placer des soûtes en abord tout en rendant facile la circulation autour de l'appareil.

Terminons ces considérations par la nomenclature de toutes les machines mues par la vapeur que renferme un grand navire de guerre à deux hélices installé avec les derniers perfectionnements; on verra quel sang-froid, quelle présence d'esprit doit posséder l'officier mécanicien qui en a la charge :

Fig. 29. — Machine d'un steamer à aubes.

Deux machines principales de 5500 chevaux chacune, comprenant autant de servo-moteurs à vapeur pour la manœuvre du changement de marche;

Deux appareils de servitude de 300 chevaux chacun :

Huit ventilateurs et leurs moteurs, de 150 chevaux ;

Quatre ventilateurs pour l'aérage général et leurs moteurs de 100 chevaux ;

Deux pompes à incendie à vapeur de 100 chevaux chacune ;

Six petits-chevaux d'alimentation de 50 chevaux chacun ;

Deux turbines et leurs moteurs de 100 chevaux chacun ;

Deux pompes de cale de 40 chevaux ;

Deux vireurs à vapeur pour les grandes machines, de 50 chevaux chacun;

Six monte-escarbilles à vapeur de 10 chevaux chacun ;

Deux pompes d'épuisement rotatives de 45 chevaux chacune ;

Deux servo-moteurs pour le gouvernail ;

Deux cabestans à vapeur ;

Une machine à comprimer l'air pour les torpilles ;

Une pompe hydraulique à vapeur pour la manœuvre des grosses pièces d'artillerie ;

Deux pompes à air, à vapeur, pour les distillateurs Normandy ;

Trois machines à grande vitesse pour actionner les dynamos.

Un petit moteur pour l'atelier de réparation.

Huit éjecteurs.

Pensez maintenant que chacun de ces appareils possède un réseau de tuyautage très important et vous réussirez à vous faire une idée de la complication d'une de ces merveilleuses productions de la mécanique moderne que l'on n'admire pas assez parce qu'on les connaît insuffisamment.

CHAPITRE VI

LES PROPULSEURS

Le propulseur est, nous l'avons vu, l'organe intermédiaire entre la puissance motrice qui produit un mouvement de rotation, et le point d'appui qui est l'eau. Trois sortes de propulseurs sont applicables à la navigation maritime : les roues à aubes; l'hélice; enfin l'emploi direct de la force vive d'un jet de vapeur ou d'une veine liquide, projetés énergiquement à l'arrière du navire, dans le sens contraire à la marche.

De ces modes différents de propulsion, l'hélice est de beaucoup le plus usité; les roues à aubes sont adoptées dans certains cas particuliers que nous verrons plus loin; quant au dernier mode cité, il n'a guère été essayé que sur des jouets, et les expériences isolées qu'on en a faites ont prouvé son imperfection. Sans prétendre que l'hélice soit le propulseur idéal, et que rien ne la détrônera dans l'avenir, il est permis de dire qu'elle répond convenablement aux besoins, et que les constructeurs cherchent plutôt à la perfectionner qu'à la remplacer.

Examinons brièvement les propriétés, les avantages et les inconvénients des deux propulseurs les plus répandus.

Hélice. — Tout le monde sait que l'hélice propulsive est une surface hélicoïdale qui avance dans l'eau en tournant, comme la vis dans le bois. Or, le navire et l'hélice étant solidaires, ils progressent tous deux en même temps. Seulement, comme le liquide est éminemment mobile et n'offre pas un point d'appui complètement fixe, il est indispensable que les surfaces de contact, entre les filets de la vis et l'eau, soient considérables.

L'hélice simple, telle qu'on la construisait autrefois était une véritable hélice mathématique, coupée par deux plans verticaux, perpendiculaires à son axe, et dont la distance était égale à la longueur du pas. Ce propulseur n'avait donc qu'une *aile*. On obtenait l'hélice à deux branches, en coupant d'une manière similaire une surface hélicoïdale à deux filets. Ce genre d'hélice fut longtemps employé, à quelques modifications près.

Dans la suite, on remarqua qu'en supprimant les parties avant et arrière de l'hélice, on atténuait les vibrations. Puis, on augmenta le nombre des ailes — ou des filets de vis — que l'on porta jusqu'à six. La pratique fit reconnaître que cette disposition n'était pas avantageuse, et l'on adopta définitivement l'hélice à quatre branches, à peu près seule en usage à l'heure présente (fig. 50).

Ainsi, chaque aile d'hélice est une portion de surface hélicoïdale, découpée suivant des contours un peu arbitraires. Aujourd'hui, la vogue est aux hélices dont les branches sont rejetées vers l'arrière. On leur attribue un meilleur rendement, et la propriété de diminuer les trépidations.

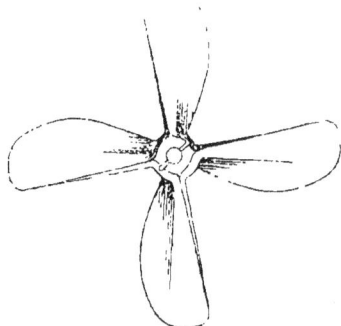

Fig. 50. — Hélice.

Le *pas* est la quantité dont une hélice avancerait, au sein d'une matière parfaitement solide, pour un tour complet. Une hélice ayant par exemple un pas de deux mètres, et tournant à raison de 150 révolutions par minute, devrait imprimer au navire une vitesse de : $2^m \times 150 \times 60 = 18\,000$ mètres, par heure. Or, le chemin réellement parcouru est inférieur à ce chiffre, parce que l'eau, corps extrêmement mobile, se trouve projetée vers l'arrière, en même temps que le navire progresse. Supposons que dans le même exemple, la vitesse du bâtiment soit seulement de 14 000 mètres : la différence ($18\,000^m - 14\,000^m = 4000^m$) exprimera le *recul absolu*. Ainsi, en appelant V la *vitesse théorique* résultant du nombre de tours multiplié par le pas, et V' la *vitesse réelle* mesurée, le recul total sera égal à V-V'. On exprime généralement le recul en centièmes, par rapport à la vitesse théorique du navire; il devient alors $\frac{V-V'}{V}$.

L'intensité du recul dépend de bien des conditions. Le nombre de tours, les proportions relatives de pas et de diamètre, le rapport de la surface du maître-couple à l'aire engendrée par l'hélice en tournant, la forme des ailes, l'immersion, la finesse plus ou moins grande des lignes d'eau de l'arrière, les dimensions du navire enfin, l'influencent notablement. En somme, pour les bâtiments d'une certaine dimension, le coefficient de recul varie de 0,03 à 0,12; pour les vapeurs plus petits, il s'élève jusqu'à 0,15 et même 0,20.

L'utilisation de la force propulsive étant d'autant meilleure que le recul est plus faible, il importe de diminuer celui-ci par tous les moyens possibles. Il existe encore bien des divergences d'opinions à cet égard, et la question des formes d'hélice, des rapports de pas et de diamètre, est loin d'être absolument tranchée. Il en est malheureusement de même pour beaucoup d'autres matières relatives à l'art naval.

Pour qu'une hélice soit réellement efficace, elle doit avoir un certain diamètre, déterminé par la puissance de la machine, le nombre de tours et la surface du maître-couple. Si le tirant d'eau du navire est plus faible que ce diamètre, l'hélice émergera partiellement et son rendement sera détestable. On dispose alors deux hélices, non plus dans l'axe du bâtiment, mais latéralement, de chaque côté de l'étambot : leur diamètre est naturellement plus petit que celui du propulseur qu'elles remplacent. Les deux arbres sont actionnés par des machines indépendantes. Ce dispositif est en outre très avantageux comme nous l'allons voir. Dans le cas où une avarie sérieuse paralyse un des appareils, le steamer pourra, tant bien que mal, continuer sa route avec l'autre, alors qu'un bâtiment à hélice unique se trouverait désemparé. Cela permet aussi de fractionner la puissance et d'éviter l'emploi d'arbres ou de cylindres d'un diamètre excessif. Au lieu d'une machine de 6000 chevaux par exemple, on établira deux moteurs séparés, de 3000 chevaux chacun, dont les organes seront plus réduits. De plus, ces hélices n'étant pas solidaires, on pourra leur imprimer, à l'occasion, des vitesses de rotation différentes, ou même les faire tourner en sens contraire : de là, une grande facilité d'évolutions pour le bâtiment.

Roues à aubes. — Tandis que l'arbre de l'hélice est disposé dans le sens longitudinal et sous la flottaison, l'axe des roues se place transversalement, à la hauteur du pont principal. Les roues, formées d'une carcasse métallique, portent à leur circonférence un certain nombre de pales en bois, rectan-

gulaires et convenablement espacées. La hauteur de
l'arbre au-dessus du plan d'eau doit être telle que
la partie inférieure de chaque roue plonge dans la
mer, d'une quantité toujours plus grande que la
hauteur d'une pale. De cette façon, une aube au
moins est constamment immergée ; celle qui lui succède entre dans l'eau et celle qui la précède en sort.
Les roues, en tournant, projettent violemment l'eau
vers l'arrière et déterminent la progression du
navire. On remarquera, qu'avec ce dispositif, une
seule des pales est à peu près verticale ; les autres
n'attaquent pas normalement la veine liquide, puisqu'elles rayonnent du centre de la roue. Il en résulte
une perte de force et de vitesse. Pour obvier à cet
inconvénient on a inventé les roues articulées. Les
pales peuvent osciller autour d'axes horizontaux
qui traversent chacune d'elles ; des bielles en fer
les relient à un point fixe, excentré par rapport à
l'arbre des roues, et choisi de telle sorte que, pour
toutes les positions du système, les trois pales
mouillées soient sensiblement parallèles et nor-
males à la flottaison. Le poids et la complication
sont un peu plus grands il est vrai, mais l'utilisation est notablement supérieure.

Le recul des roues à aubes fixes varie de 0,25
à 0,30 ; celui des roues à pales articulées est compris entre 0,16 et 0,25.

Ce serait ici le lieu de faire un parallèle entre
les deux genres de propulseurs ; on nous saura gré

de ne pas abuser de la circonstance. Nous rappellerons toutefois, les principaux avantages inhérents à l'hélice, et les raisons majeures qui ont contribué à généraliser son emploi.

D'abord le recul de l'hélice est plus faible, et son rendement est meilleur, nous venons de le voir. Ensuite, ce propulseur étant complètement immergé, que le navire soit lège ou en charge[1], l'utilisation est également bonne dans les deux cas. Il n'en est pas de même pour un bâtiment à aubes, car une légère différence dans le degré d'enfoncement affecte beaucoup le fonctionnement des roues. Ainsi, ce propulseur serait inapplicable aux cargo-boats dont le tirant d'eau peut varier dans une large mesure, suivant l'importance du chargement.

L'hélice n'est pas exposée aux coups de mer comme les énormes tambours des roues qui offrent une prise considérable au vent et aux lames. Lorsqu'un bâtiment à aubes éprouve de violents roulis, il peut arriver que l'une des roues sorte complètement de l'eau, tandis que l'autre est noyée jusqu'au moyeu. On comprend sans peine qu'il se développe alors, dans les arbres, des efforts de torsion dangereux, et que la marche du navire se trouve mo-

---

1. Beaucoup de vapeurs marchands, lorsqu'ils sont lèges, ont l'extrémité supérieure de leur hélice hors de l'eau. Dans ces conditions, le rendement du propulseur est très mauvais. On peut atténuer cette émersion par l'emploi d'un water-ballast, placé dans la cale arrière, que l'on remplit quand le navire est appelé à naviguer sans cargaison.

mentanément déviée puisque le propulseur n'agit plus que d'un seul côté.

Nous arrivons maintenant à la question de poids. On sait que la puissance d'une machine est fonction de trois facteurs, à savoir : la pression, la surface des pistons, la vitesse du piston dans l'unité de temps ou, ce qui revient au même, le nombre de tours. Pour un même appareil marin, les puissances développées à différentes allures sont entre elles comme les cubes des nombres de tour : soient P et P' les puissances correspondant à des révolutions n et n', on aura la relation $\dfrac{P}{P'} = \dfrac{n^3}{n'^3}$. Par exemple, une machine qui ferait 100 chevaux à une vitesse de 50 tours, en développerait 800 à 100 tours. Il faudra, bien entendu, lui fournir la vapeur nécessaire à cet excédant de puissance, et cela regarde les chaudières : les cylindres, comme les pièces du mécanisme, resteront les mêmes. Or, la vitesse des roues à aubes ne doit pas dépasser 40 à 45 tours par minute; au delà, le rendement diminue vite. Avec l'hélice au contraire, le nombre des révolutions peut varier de 80 à 400 selon l'importance des appareils. Il en résulte que, pour une même puissance, la machine à hélice, tournant plus vite, aura des dimensions et par conséquent un poids bien moindre. La différence ne sera pourtant pas tout à fait aussi grande qu'on serait porté à le croire d'après l'exemple précédent. Dans une même machine si l'on augmente la puissance avec le nombre de tours, les portées devront être plus larges, les bâtis plus rigides et plus robustes. En effet, bien que les efforts initiaux sur les pistons ne varient pas, il se développe dans les organes du mécanisme des efforts d'inertie et des forces perturbatrices bien autrement sensibles, en raison de l'accroissement de vitesse. En somme, et si l'on tient compte qu'une hélice pèse beaucoup moins que deux roues à aubes, la diminution de poids est considérable, ce qui est un grand avantage pour une machine de bateau. On peut, à la vérité, réduire le volume d'une machine à aubes en accélérant sa vitesse : il suffira d'interposer un engrenage réducteur entre le moteur et l'arbre des roues. Toutefois, c'est un dispositif compliqué, sujet à l'usure, et peu satisfaisant à la mer.

Ajoutez que la vitesse du piston étant un élément d'économie pour une machine à vapeur, l'appareil à hélice consommera un peu moins de charbon, à force égale.

L'hélice augmente l'efficacité du gouvernail. Grâce au courant violent qui se produit à l'arrière aussitôt que le propulseur commence à tourner, le navire peut gouverner dès son appareillage, alors que son erre est presque nulle.

En présence d'une supériorité aussi réelle, il n'y a pas lieu de s'étonner que l'hélice ait presque partout détrôné l'ancien propulseur.

CHAPITRE VII

LES GRANDS TRANSATLANTIQUES MODERNES

Parmi les nombreux paquebots qui font journellement la traversée de l'Atlantique, nous choisirons, pour les décrire, les plus renommés et les plus rapides. Nous examinerons en détail cette sorte d'aristocratie navale, composée des meilleurs bateaux qui soient au monde, et dont pas un seul ne se trouverait indigne d'être inscrit dans le *stud-book* de la navigation. Il deviendrait fastidieux de les énumérer tous, et il ne serait guère plus instructif de citer un très grand nombre d'exemples. Ceux d'entre ces transatlantiques que nous avons choisis se complètent mutuellement à ce qu'il nous semble; étant les plus complexes, ils renferment tous les éléments que l'on pourrait rencontrer sur les autres steamers. Il suffira de faire connaître l'agencement et l'organisation de ces merveilleux bateaux, pour fixer les idées du lecteur sur l'état actuel de la construction navale et sur les perfectionnements qu'y ont introduits les progrès

11

incessants de la science, tant au point de vue du comfort que de la sécurité et de la vitesse.

Nous suivrons, dans cette description, un ordre en quelque sorte chronologique, en commençant par les paquebots qui, les premiers, ont donné le signal de la transformation à laquelle nous assistons depuis sept ou huit ans. Nous terminerons ce chapitre par l'étude d'un genre particulier de steamers qui, ne pouvant se ranger ni dans la classe des véritables paquebots, ni dans celle des cargo-boats proprement dits, n'en sont pas moins d'admirables applications de la mécanique la plus perfectionnée.

LE « SERVIA ».

A tout seigneur, tout honneur! Aussi n'est-il que juste de commencer cette étude par la description du *Servia*, le premier venu de ces *crack-steamers* qui traversent aujourd'hui l'Atlantique.

Ce magnifique bateau, qui appartient à la ligne Cunard, et qui fait le service de la poste et des passagers entre Liverpool et New-York, fut commencé le 20 janvier 1880 et mis à l'eau le 1er mars 1881. A l'exception du *City of Rome*, c'est le plus grand navire qui soit à flot[1]. On pourra

---

1. Nous ne tenons pas compte du *Great-Eastern*, immense bâtiment venu au monde trente ans trop tôt, et qui, transformé aujourd'hui en magasin à charbon, ne doit plus figurer à l'actif des flottes commerciales.

juger d'ailleurs du pas considérable réalisé par la construction du *Servia*, lorsqu'on saura que le dernier paquebot, exécuté pour la ligne Cunard deux ans auparavant, avait été le *Gallia*, qui mesurait *seulement* 131 mètres de longueur, et dont la vitesse ne dépassait pas 15 nœuds et demi.

Les directeurs de la ligne Cunard ayant déclaré que le premier navire qu'ils feraient construire après le *Gallia* constituerait un progrès considérable sur tout navire à flot ou en chantier, aussi bien au point de vue de la vitesse qu'à celui du comfort et de la sécurité, se décidèrent, après mûr examen, à l'adoption de dimensions inusitées. Au cours des études auxquelles donna lieu la discussion du projet, se présenta la grosse question des efforts qu'un bâtiment aussi long aurait à supporter en service, par gros temps, question qui fit l'objet des recherches fort intéressantes du regretté M. Froude.

Dans une des nombreuses notes publiées par M. Froude, ce savant avait indiqué que le rapport dans lequel on devait augmenter la résistance d'un navire était la quatrième puissance du rapport de l'accroissement des dimensions, et que, si l'on augmentait la longueur, il fallait, soit accroître proportionnellement les trois dimensions, soit augmenter les échantillons ou la résistance longitudinale, pour que le bâtiment conservât une solidité satisfaisante. C'est pourquoi, la longueur et la largeur du *Servia* étant déterminées par les exigences du service que ce paquebot était appelé à fournir, on dut augmenter le creux dans une proportion considérable.

Les dimensions principales du *Servia* sont : longueur, 161^m,50; largeur, 15^m,90; creux, 12^m,40; tirant d'eau, 7^m,90; port, 5000 tonneaux. Le navire est divisé, dans le sens de la longueur, par douze cloisons étanches dont huit s'élèvent jusqu'au pont principal. La coque comporte quatre ponts distincts : le faux-pont, le pont inférieur, le pont principal, et le pont supérieur. Ce dernier est en outre surmonté d'un grand nombre de roofs, reliés entre eux par des passerelles continues formant un cinquième pont, appelé pont-promenade, exclusivement affecté aux passagers de 1re classe. La *teugue*, ou gaillard d'avant, a 30 mètres de longueur; elle contient les logements des maîtres d'équipage, les salles de bain des émigrants, la glacière, les chambres à air froid pour la conservation de la viande, les tourelles des fanaux de position, la descente au poste de l'équipage. Ce gaillard abrite en outre un puissant guindeau à vapeur pour le service des ancres.

Immédiatement en arrière du gaillard se trouvent : un petit roof, dans lequel est ménagée la descente aux cabines de 1re classe, et deux infirmeries pour les émigrants.

Plus loin, on rencontre le grand panneau qui

mesure 5 mètres sur 3 mètres ; il est muni de deux treuils à vapeur pour le déchargement et porte un capot qui donne accès à l'installation des émigrants dans le pont inférieur.

Vers le milieu du bâtiment, sur le pont supérieur, on a disposé un grand roof de 58 mètres de longueur sur 6^m,40 de largeur, à l'avant duquel se trouvent : la chambre des cartes, la chambre du capitaine à tribord, et les cabines du premier et du second officier à bâbord. On peut accéder directement à ces chambres, soit du pont supérieur, soit du pont principal, par un escalier destiné surtout aux passagers qui sont logés dans les cabines latérales situées par le travers de la machine.

Les deux cheminées traversent ce roof, ainsi que les panneaux d'aérage et les manches à vent, sur une longueur de 10 mètres. L'espace qui s'étend entre les cheminées est occupé par les deux cuisines et par la chaudière des treuils. La cuisine des premières, la plus grande des deux, mesure 6^m,40 sur 4^m,50 ; l'autre cuisine, placée à l'avant, sert pour les émigrants et l'équipage, elle renferme des appareils distillatoires pour la production de l'eau douce aérée, des appareils pour cuire les pommes de terre à la vapeur et préparer les aliments nécessaires à 1200 ou 1500 personnes. Dans ces deux cuisines on a disposé des monte-plats qui communiquent avec les ponts inférieurs, et des escaliers pour le service.

Près de la cheminée arrière, on trouve un luxueux escalier conduisant aux entre-ponts; le palier supérieur de cette descente donne accès au fumoir, où l'on peut ainsi se rendre sans sortir du roof, ce qui est commode en cas de mauvais temps. Ce fumoir, très vaste, est décoré en linoleum de couleur chamois; l'ameublement est très confortable, il consiste en tables à dessus d'onyx poli et en divans de maroquin.

Au pied de l'escalier dont nous avons parlé sont les salles de bain et les cabinets de toilette. Plus loin, on rencontre le panneau de la cale arrière, le salon des dames et le salon de conversation. Le premier de ces salons, fort élégamment décoré, mesure $6^m,20$ sur $4^m,25$; l'ameublement est en velours bleu et les panneaux en onyx du Mexique. Le salon de conversation a $13^m,50$ de longueur sur $6^m,20$ de largeur, il forme une galerie autour de la claire-voie qui sert à donner du jour à la salle à manger située au-dessous. La balustrade de cette claire-voie est disposée pour être garnie de fleurs et d'arbustes. Les parois sont, comme celles du fumoir, tapissées de linoleum; l'ornementation est simple et très sobre de ton. Cette pièce, qui fait suite au salon des dames, communique avec le palier du grand escalier menant au salon; cet escalier monumental est probablement le plus vaste que l'on ait encore placé à bord d'un navire. Les panneaux sont en érable et en frêne poli, ils portent une bibliothèque toujours soigneusement fournie.

La partie arrière du pont est recouverte par un vaste *dos de tortue* en acier qui abrite les appareils à gouverner.

Passons maintenant dans l'entrepont. A l'arrière du grand salon se trouvent vingt-quatre cabines de première classe, placées transversalement par groupes de quatre. Quatre-vingts autres cabines occupent l'extrême arrière.

La plus grande attention a été apportée à l'ornementation du salon principal. Cette vaste pièce mesure 22 mètres de longueur sur 15 de largeur et peut recevoir plus de 350 personnes assises à la grande table; sa hauteur atteint $2^m,62$, ce qui est beaucoup à bord d'un navire. Le plancher, en teck poli, est recouvert par des bandes de tapis. Les cloisons sont plaquées d'érable et d'imitations de marqueterie de très bon goût. Des pilastres, surmontés de moulures sculptées ou de chapiteaux à feuillage, et des colonnes cannelées avec filets d'or, forment la séparation des différents panneaux. Les murs sont ornés de glaces répandues avec profusion. Les sièges sont tournants et montés en bois artistement sculpté.

A l'avant du salon, sur le même pont, on remarque deux grandes offices, douze cabines d'officiers et de mécaniciens, un carré pour ces derniers, des water-closets, des salles de bain, etc.

Plus loin, toujours en allant vers l'avant, sont situées cinquante-huit autres cabines de première classe. L'extrême avant est occupé par le poste des chauffeurs et des matelots, dont le nombre total dépasse 200 hommes.

Sur le pont inférieur se trouve, à l'avant, un vaste logement qui peut recevoir 700 émigrants. On y descend par deux escaliers, l'un pour les hommes, l'autre pour les femmes. L'arrière de ce pont est occupé par les cabines de seconde classe et par plusieurs chambres de première classe, dont 19 grandes par le travers des machines et 45 plus petites, en deçà. Quelques-unes de ces dernières peuvent communiquer, deux par deux, ou trois par trois, pour l'accommodation des familles nombreuses.

En résumé, le nombre total des cabines est de 167, destinées, en temps ordinaire, à recevoir chacune trois personnes, soit en tout 501 passagers. Pourtant, en cas de presse, on peut prendre à bord 650 passagers de cabine.

Les installations sont aussi perfectionnées que possible. Les garnitures des cabines, lampes, etc., sont argentées; il y a partout des sommiers élastiques; chaque chambre comporte une sonnerie pneumatique.

Sous le grand salon est disposée une salle à manger qui peut recevoir une soixantaine de personnes, et destinée aux domestiques accompagnant les passagers.

Le fond du navire, au-dessous du pont inférieur, est, suivant l'endroit considéré, divisé en cales à marchandises, soutes à charbon, chaudières et magasins. Les quatre cales sont desservies par cinq treuils à vapeur.

Terminons cette description de la coque en rappelant que le *Servia*, qui est construit à double fond, avec membrures longitudinales, comporte des water-ballasts de capacité suffisante pour contenir un lest de 800 tonnes d'eau. Grâce à ce lest, il est possible de mettre le navire sans différence de tirant d'eau, ce qui lui permet de franchir en toute sécurité les hauts fonds, assez nombreux à l'entrée de la rade de New-York.

L'armement est des plus complets. Pour en donner une idée, il nous suffira de dire que, dans le but d'obtenir une plus grande sécurité, il existe quatre systèmes différents pour la commande du gouvernail qui peuvent être successivement mis en œuvre : une commande à vapeur, une commande à vis, une commande à bras à chaîne double, enfin une manœuvre par palans agissant sur une grande roue solidaire de la mèche du gouvernail. Cette dernière a $0^m,32$ de diamètre.

Les machines sont à pilon, du type Compound à trois cylindres ; ces deux cylindres à basse pression ont chacun un diamètre de $2^m,53$, avec une course de près de 2 mètres.

La vapeur est fournie par sept chaudières comportant en tout 59 foyers. La surface de grille est de 98 mètres carrés, et la surface de chauffe totale de 2510 mètres carrés; soit un quart d'hectare! Le poids total des appareils évaporatoires et des machines est de 1 800 000 kilogrammes. L'arbre de l'hélice a 0^m,60 de diamètre. L'hélice pèse 58 tonnes; elle a 7^m,35 de diamètre et 10^m,82 de pas. La ligne d'arbre a plus de 50 mètres de longueur. Les deux cheminées ont un diamètre de 5^m,80 et s'élèvent à 32 mètres au-dessus des parquets de chauffe.

L'appareil du *Servia* a développé aux essais 10 400 chevaux à 53 tours. La vitesse atteinte a été de 17,85 nœuds, avec une consommation journalière de 190 tonnes de charbon.

Ce magnifique paquebot a fait maintes fois, depuis 1882, la traversée de l'Atlantique en 7 jours et quelques heures. Ce n'est pourtant pas, comme nous le verrons, le plus rapide des transatlantiques actuellement à flot.

Le *Servia* est classé au premier rang sur les listes de l'Amirauté, qui peut le réquisitionner en temps de guerre comme croiseur à grande vitesse. Avec son chargement complet en charbon et approvisionnements de campagne, le *Servia* pourrait parcourir 16 400 milles à la vitesse de 16,5 nœuds et 55 700 milles à 12 nœuds. On a dit de ce steamer « qu'il pouvait prendre assez de charbon pour faire le tour du monde en 80 jours ».

Le « City of Rome ».

Le *City of Rome*, construit à Barrow-in-Furness, en 1880-81, pour le compte de l'*Inman line*, et possédé actuellement par l'*Anchor line*, est le plus grand navire qui soit à flot.

Ce gigantesque bâtiment présente les dimensions suivantes :

Longueur totale, de tête en tête. . .	179^m,00
Longueur entre perpendiculaires. . .	163^m,80
Largeur.	15^m,67
Creux de cale.	11^m,00
Tonnage..	8500

Le *City of Rome* est représenté, naviguant en pleine mer, figure 31, d'après une photographie. Ce navire possède des formes élégantes, malgré sa longueur immense qui permet difficilement d'en embrasser l'ensemble. Il porte quatre mâts, dont trois gréés de voiles carrées, et trois cheminées.

Ce steamer peut prendre 271 passagers de chambre et 1500 émigrants ; ces derniers sont répartis comme suit : 260 à l'avant, 240 à l'arrière du pont supérieur, et 1000 dans l'entrepont inférieur.

Le grand salon ne mesure pas moins de 24^m,60 de longueur, sur 15^m,60 de largeur et 2^m,70 de hauteur. Il peut recevoir à la fois 278 personnes assises.

Le déplacement en charge est de 13 500 tonnes,

et le poids total du bâtiment complet en ordre de
marche de 8000 tonnes. Ce steamer peut donc recevoir 13 500 — 8000 = 5 500 tonnes de charbon et
marchandises.

On s'est attaché, dans la construction du *City of
Rome,* à réunir la sécurité et la solidité à l'aménagement le plus luxueux et au comfort le plus recherché. La coque est divisée en un grand nombre de
compartiments étanches dont la longueur n'excède
en aucun cas 20 mètres. Il y a deux ponts entièrement bordés en fer; le pont inférieur est en
métal sur une moitié de sa longueur, en bois sur
l'autre moitié. L'étambot pèse 55 tonnes.

L'appareil moteur, qui actionne une hélice unique de $7^m,20$ de diamètre, est composé de trois
groupes de machines Woolf à pilon, actionnant
autant de manivelles à $120°$. La puissance totale
dépasse 9000 chevaux. Les trois petits cylindres ont
$1^m,075$ de diamètre, les trois grands ont $2^m,15$;
leur course commune est de $1^m,80$. L'arbre coudé,
en acier forgé, a $0^m,32$ de diamètre. La plaque de
fondation seule pèse plus de cent tonnes. Les condenseurs, à surface contiennent environ 27 kilomètres de tubes en laiton. Cet appareil est alimenté
par huit chaudières de $4^m,20$ de diamètre, timbrées
à 7 kilogrammes par centimètre carré.

Ce paquebot a filé assez péniblement 18 nœuds
aux essais, et en service, il n'atteint pas cette
vitesse. A cause de ses dimensions colossales, les

Fig. 31. — Le *City of Rome*.

Américains l'ont surnommé *Jumbo*, du nom d'un éléphant énorme que Barnum a exposé à New-York, il y a quelques années. Il consomme environ 300 tonnes de charbon par vingt-quatre heures! Le *City of Rome* a coûté la somme énorme de 10 millions de francs; il a effectué la traversée de l'Atlantique en 6 jours et 22 heures.

L' « ALASKA ».

Ce paquebot, que l'on a surnommé le *Lévrier des mers*, fut pendant une année environ le bâtiment le plus rapide qui traversât l'Atlantique. Grâce à la concurrence, le meilleur stimulant du progrès, cette supériorité n'a été qu'éphémère. L'*Alaska* est aujourd'hui surpassé tout au moins par l'*Etruria* et l'*Umbria*, construits deux ans après. Déjà, en 1884, l'*Oregon* l'avait relégué au second rang, mais on sait que ce rival a disparu, abordé en mer et coulé par un petit voilier américain. L'*Alaska* n'en reste pas moins un des quatre ou cinq navires de la marine commerciale qui sont doués de la plus grande vitesse. Sa meilleure traversée, de Queenstown à New-York, s'est effectuée en 6 jours et 22 heures, ce qui donne une vitesse moyenne de 17 nœuds 38.

L'*Alaska* mesure 158 mètres de long; il jauge 8000 tonnes et peut prendre 1000 passagers; sa machine développe 11 000 chevaux.

L' « AMERICA ».

L'*America* a été lancé le 29 décembre 1885. Ce paquebot est un peu moins grand que ses rivaux, les nouveaux *liners* de l'Atlantique Nord. Il jauge 6000 tonneaux et mesure 154 mètres de longueur entre perpendiculaires. Il est mâté en brick, et son avant se termine par une guibre de clipper. La coque est divisée en 15 compartiments étanches. La dunette et le gaillard d'avant sont réunis par un vaste pont-promenade. Les aménagements sont assez vastes pour recevoir 300 passagers de 1re classe et 700 émigrants ; toutefois, dans le cas où l'*America* ne prendrait pas d'émigrants, comme dans ses traversées de retour par exemple, il peut recevoir 500 passagers de 1re classe. Le salon, très luxueux, présente une particularité que l'on ne rencontre, croyons-nous, à bord d'aucun autre paquebot ; grâce à une disposition ingénieuse de la construction, ce salon occupe la hauteur de deux entreponts, c'est-à-dire environ le double de ce qui se fait ordinairement.

Les machines, du système Compound à trois cylindres, développent 9500 chevaux. Elles sont alimentées par 7 chaudières fonctionnant à la pression de 6^k,70 et comportant ensemble 59 foyers.

L'*America*, qui appartient à la National Line, a filé un peu plus de 18 nœuds aux essais. L'idée qui a présidé à sa construction fut l'intention de créer un paquebot aussi rapide que ses rivaux des lignes Cunard et Guion, mais qui coûtât un prix inférieur et consommât moins de combustible. Ainsi, l'*America* consomme 190 tonnes de charbon par jour, soit 120 tonnes de moins que l'*Oregon*, bien que ce dernier paquebot ne gagnât sur lui que quelques heures pendant la traversée de Liverpool à New-York.

L' « AURANIA ».

Encore un paquebot à grande vitesse de dimensions moyennes [1]. Il mesure 143 mètres de longueur, 17^m,40 de largeur, 11^m,20 de creux, et jauge 7270 tonneaux. La puissance de l'appareil moteur est de 10 000 chevaux ; elle a suffi pour imprimer à ce paquebot, pendant les essais, une vitesse un peu supérieure à 18 nœuds.

L'*America*, qui appartient à la compagnie Cunard, a traversé plusieurs fois l'Atlantique en 6 jours et 20 heures. La consommation de charbon journalière est de 214 tonnes.

L' « OREGON ».

Bien que ce paquebot merveilleux ait été coulé en mer le 14 mars 1886, nous ne pouvons nous

---

1. Nous disons « dimensions moyennes », en tant que transatlantique de construction récente, bien entendu.

empêcher de le décrire d'une manière assez complète. Comme il représentait à peu près le dernier mot de l'art naval, et qu'il ne saurait être facilement surpassé, nous espérons qu'on ne nous saura pas mauvais gré de notre insistance.

L'*Oregon* fut lancé le 23 juin 1883 pour le compte de la ligne Guion, mais plus tard il fut acheté, moyennant la somme de 7 500 000 francs, par la Compagnie Cunard dont il était l'un des *crack-ships*. Il mesurait 158 mètres de longueur, $16^m,46$ de largeur et $12^m,42$ de creux; il jaugeait 7280 tonneaux et déplaçait, en charge, 11 900 tonnes. Le *Servia* et le *City of Rome*, seuls, le dépassaient un peu quant aux dimensions, mais ne pouvaient rivaliser de vitesse avec lui.

L'*Oregon* comportait cinq ponts. Le plus élevé, appelé pont-promenade, et qui s'étendait sur presque toute la longueur, était réservé aux passagers de première classe. Vers le milieu de ce pont, on avait disposé une très vaste chambre qui servait de boudoir pour les passagères et de salon de repos. Sur le second pont, un roof de $67^m,00$ sur $7^m,50$, renfermait les chambres d'officiers, le fumoir, les descentes aux emménagements de première classe, la cuisine, etc. Un *dos de tortue*, en acier, raccordé avec les murailles du navire, abritait l'avant de ce pont des coups de mer. Le troisième pont, ou pont principal, était occupé par les cabines, les grands salons, le salon des dames, etc.; le tout pouvant recevoir 340 passagers de première classe, 92 de seconde classe, et 110 de troisième. Le grand salon, situé à l'avant des machines, occupait toute la largeur du navire, sur une longueur de 20 mètres. Il était magnifiquement décoré et tous les passagers de première classe y trouvaient aisément place.

Lorsque les cales étaient vides, le quatrième pont pouvait être disposé pour accommoder 1000 émigrants, sans compter le très grand nombre de ceux que l'on logeait sur le troisième pont à l'arrière.

La ventilation et le chauffage du bâtiment ne laissaient rien à désirer. La nuit, il était éclairé par 500 lampes électriques à incandescence.

L'appareil moteur a développé aux essais la puissance considérable de 12 400 chevaux, en imprimant au paquebot une vitesse un peu supérieure à 20 nœuds et maintenue pendant quelques heures. Mais cette puissance et cette vitesse n'ont été obtenues qu'en forçant beaucoup la machine et grâce à l'habileté de mécaniciens entraînés à ces sortes de tournois. La surveillance de ces énormes machines surmenées exigeait une attention de tous les instants[1]. D'ailleurs, le personnel de la machine comprenait 10 mécaniciens et 110 chauffeurs. Chaque quart se composait : d'un mécani-

---

1. On a prétendu que les machines de l'*Oregon*, pendant une traversée exceptionnellement rapide, auraient développé 13 000 chevaux avec une consommation de charbon de 306 tonneaux par jour.

cien aux grandes machines, — quart réservé aux
deuxième, troisième et quatrième mécaniciens; —
d'un mécanicien de quart aux pompes et appareils
auxiliaires, — réservé aux huitième et neuvième
mécaniciens qui ne se relevaient que toutes les
six heures; — le dixième mécanicien avait la
charge des servo-moteurs, des treuils, en un mot
de tous les petits engins mécaniques placés sur le
pont; enfin les cinquième, sixième et septième
mécaniciens faisaient le quart aux chaudières, et
avaient la surveillance des graisseurs.

L'appareil moteur, malgré sa puissance, n'avait
que trois cylindres : un à haute pression de $1^m,75$
de diamètre, et deux à basse pression de $2^m,60$
de diamètre, avec une course de piston de $1^m,80$.
La vapeur était fournie par une formidable batterie de chaudières, composée de 9 corps ayant
chacun un diamètre de $5^m,00$ avec une longueur
de $5^m,50$. Chacune des chaudières contenant huit
fourneaux, il y avait 72 foyers en tout.

L'*Oregon* a fait plusieurs fois la traversée de
l'Atlantique, de Queenstown à New-York, en 6 jours
et 10 à 11 heures. Son meilleur voyage s'était
effectué en 6 jours 9 heures 50 minutes, ce qui
correspond à un sillage moyen de plus de 18 nœuds
à l'heure[1].

1. En 1885, au moment du conflit afghan, l'Amirauté anglaise
avait réquisitionné l'*Oregon* et l'avait armé en guerre. Ce steamer
avait participé aux manœuvres de la baie de Bantry, pendant lesquelles il portait le pavillon de l'amiral Hornby.

On ne saurait donc trop déplorer la perte de cet étonnant navire. Comment la Compagnie Cunard va-t-elle le remplacer? Se dispose-t-elle à nous étonner en faisant mieux encore? Cela n'aurait rien d'inattendu : les deux derniers bateaux qu'elle fit construire, l'*Umbria* et l'*Etruria*, avaient déjà battu l'*Oregon* en plus d'une occasion.

L' « UMBRIA » ET L' « ETRURIA ».

De plus fort en plus fort! L'*Oregon* était à peine construit depuis un an que, la concurrence stimulant l'initiative, la Compagnie Cunard faisait mettre en chantier deux bâtiments qui devaient être plus rapides encore : ce furent l'*Etruria* et l'*Umbria*, aujourd'hui en service. En matière de science navale on n'a pas encore été plus loin, et ces deux paquebots sont bien les meilleurs marcheurs du monde.

L'*Umbria* et l'*Etruria* sont à proprement parler des *bateaux-express*; les progrès réalisés dans leur construction ont plutôt porté sur l'accroissement de la puissance et de la vitesse que sur l'augmentation des dimensions.

Ces bâtiments ont 158 mètres de longueur, 17ᵐ,35 de bau et 12ᵐ,20 de creux; leur tonnage est de 7720 tonneaux. Ils ont coûté 7 750 000 francs chacun.

Ils se distinguent des steamers que nous avons

décrits, par ce fait qu'ils prennent seulement des passagers de première classe et ne comportent pas d'aménagements pour les émigrants ou les passagers voyageant à prix réduits.

La coque est partagée en 10 compartiments étanches, elle est entièrement en acier. Les lignes sont très fines et de la plus grande élégance. Sur le pont supérieur se trouve un grand roof dont le sommet est occupé par un pont-promenade qui mesure 84 mètres de longueur sur $9^m,75$ de largeur. Le gréement est celui de trois-mâts-barque.

Les machines sont les plus puissantes que l'on ait encore faites, d'autant plus qu'elles actionnent une seule hélice et se composent seulement de trois cylindres. Le diamètre du cylindre d'admission est de $1^m,803$, celui des deux cylindres de détente est de $2^m,66$. Ces immenses appareils, qui ont développé aux essais 14 500 chevaux, sont alimentés de vapeur par neuf grandes chaudières à double façade, comportant en tout 72 foyers. L'hélice a un diamètre de $7^m,46$ et un pas de $10^m,06$.

L'*Umbria* a filé 20 nœuds 4 dixièmes aux essais, et, lors de son premier voyage, a soutenu, pendant une période de dix-sept heures consécutives, la vitesse de 18 nœuds 92 centièmes, sans que la machine fût poussée outre mesure. L'*Etruria* a effectué la traversée de Queenstown à New-York en 6 jours 5 heures et 11 minutes.

Les nouveaux paquebots de la Compagnie Générale Transatlantique. — C'est avec une très réelle satisfaction que nous abordons maintenant la description des quatre nouveaux paquebots que la Compagnie générale Transatlantique vient de faire construire dans des chantiers français. Ces bâtiments sont dignes de lutter avec les meilleurs *liners* de Liverpool, surtout au point de vue du comfort et de la sécurité. Nous n'émettrons qu'un regret à leur égard, c'est qu'on n'ait pas cru devoir les munir de machines un peu plus puissantes, afin que leur vitesse soit absolument sans rivale aussi bien que le luxe de leur installation.

Ces bâtiments ont été exécutés en 1885-86, pour assurer le service du Havre à New-York suivant les prescriptions du nouveau cahier des charges imposé à la Compagnie par suite du renouvellement de la concession du service postal qu'elle a obtenu en adjudications publiques.

Deux de ces paquebots, la *Champagne* et la *Bretagne*, ont été construits dans les chantiers de la Compagnie générale Transatlantique, à Saint-Nazaire. Les deux autres ont été exécutés à la Seyne. Comme ils sont en tout semblables, sauf dans quelques détails, nous rapporterons plutôt notre description à la *Champagne*, le premier lancé des quatre.

Voici les dimensions principales de ces bâtiments :

Longueur entre perpendiculaires. . .	150^m,00
Largeur du fort.	15^m,70
Creux sur quille.	11^m,70
Tonnage brut.	6800
Déplacement	9950
Tirant d'eau moyen en charge. . . .	7^m,50

Ces navires ressemblent beaucoup à la *Normandie*, construite à Barrow en 1883, et qui appartient également à la Compagnie Transatlantique (fig. 2). Ils sont à avant droit, avec quatre ponts complets et un pont-promenade muni de passerelles volantes, lesquelles relient la partie supérieure de la teuge à celle des différents roofs et de la dunette. Entièrement en acier doux, ils sont munis d'une quille saillante dont la hauteur est de 0^m,30, et comportent des doubles fonds water-ballasts. L'étambot pèse à lui seul 25 tonnes; il est d'une seule pièce. Le brion est très échancré, afin d'augmenter les qualités giratoires.

Ces bâtiments ont été construits sous la surveillance spéciale du *Veritas*, et l'on n'a négligé aucune des consolidations qui puissent assurer à ces navires une solidité et une rigidité telles qu'il leur soit possible de naviguer sans déformations par les plus grosses mers. Le bordé est à *clins* et se compose de virures dont l'épaisseur est variable suivant la distance qui les sépare du plan horizontal passant par la fibre neutre de la coque; l'épaisseur moyenne est de 20 millimètres.

Outre les ponts, la quille et le bordé, les consolidations longitudinales sont assurées par une série
de robustes carlingues dont l'une, placée dans
l'axe, a $1^m,40$ de hauteur.

Tous les ponts sont bordés en tôle d'acier, sauf
le pont-promenade et le pont dit des émigrants. La
tôle est recouverte d'un bordé calfaté, en bois de
teak et de pitchpine.

Il existe à bord 11 cloisons étanches, dont
8 montant jusqu'au pont supérieur; elles sont
munies, suivant l'usage, de portes et de vannes
étanches.

Dans les doubles fonds de ces paquebots sont
ménagés des *water-ballasts,* divisés en plusieurs
compartiments qui peuvent contenir ensemble
800 tonnes d'eau[1]. A l'avant se trouve un autre
water-ballast que l'on doit remplir au départ du
Havre en même temps que celui de l'arrière est
vidé. On diminue ainsi la différence de tirant d'eau,
ce qui facilite la sortie du port. A la mer, on se
livre à l'opération inverse, afin de remettre le bâtiment dans ses lignes et pour accroître l'immersion
de l'hélice, tout en augmentant la défense du bateau
à l'avant.

La mâture est identique à celle de la *Normandie.*

---

1. On trouvera, dans les chapitres relatifs à la coque ou à l'armement, la description générale des différentes parties d'un navire à vapeur, et l'explication des termes techniques qui se présentent le plus souvent.

Le gréement est celui de goélette à quatre mâts, avec deux phares carrés à l'avant. Les mâts, à pible, sont en tôle d'acier et ne portent pas de hunes. Les huniers sont du système Cunningham, grâce auquel on peut prendre des ris sans monter sur les vergues. La surface totale de voilure est de 1880 mètres carrés.

La manœuvre des ancres est opérée à l'aide d'une grue de 6 tonnes, placée sur le gaillard, dans l'axe du navire (cette grue remplace avantageusement les bossoirs ordinaires) et par un guindeau à vapeur. Les ancres de bossoir, du système Trottman, pèsent chacune 3600 kilogrammes. Deux cabestans, pouvant se manœuvrer, soit à la main, soit à la vapeur, et placés, l'un sur la dunette et l'autre sur la teugue, serviront aux diverses manœuvres dans les ports.

La commande du gouvernail est effectuée à la vapeur, au moyen d'un servo-moteur placé sous la dunette, mais que l'on contrôle de la passerelle, où se trouve la roue de manœuvre. En cas d'avaries à l'appareil à vapeur, on peut gouverner à l'aide de quatre roues à bras, également abritées sous la dunette.

La ventilation a été étudiée avec le plus grand soin, et l'on s'est attaché à la rendre aussi complète que possible sans recourir à l'emploi incommode et dangereux des ventilateurs qui créent des courants d'air meurtriers. L'aération générale est obtenue à l'aide de manches à vent et de puits, situés par le travers des chaufferies, qui produisent l'entraînement de l'air vicié par différence de densité.

Ces paquebots pourront prendre : 226 passagers de 1re classe, 74 de 2e classe et 900 de 3e classe.

Si l'on parcourt le pont supérieur de l'avant à l'arrière, on remarquera, outre le teugue et la dunette, trois roofs séparés. Le premier contient les logements et le carré des officiers. Le second, beaucoup plus vaste, et qui occupe la plus grande longueur du navire, renferme : le fumoir de première classe, le salon de conversation, la descente des premières, les bureaux du docteur, du commissaire, les boulangeries, les salles de lavage des chauffeurs, les puits d'aérage, la partie supérieure des machines, les cuisines, les chambres des mécaniciens, le poste des premiers chauffeurs, le carré des mécaniciens, plusieurs water-closets, enfin, les chaudières auxiliaires, et une seconde descente aux emménagements de première classe.

Dans le roof arrière se trouvent : la descente et le fumoir de deuxième classe, la boucherie, la lampisterie et le garde-manger.

Sous la dunette sont placés des bancs creux pour les émigrants, des glacières, un appareil frigorifique, et l'appareil à vapeur qui commande le gouvernail, ainsi que les roues pour gouverner à bras. Sous le gaillard, on remarque une forge, une lampisterie, le logement des cuisiniers, des cambusiers et des boulangers, un hôpital pour l'équipage, puis le guindeau à vapeur et ses accessoires.

Les passagers de première et de seconde classe sont logés dans l'entrepont supérieur, les premiers à l'avant et au milieu, les seconds à l'arrière. Il s'y trouve aussi quelques cabines de luxe, des lavabos, des water-closets et, tout à fait à l'avant, un hôpital d'émigrants, quelques chambres pour les commissaires et les maîtres, enfin, le poste de l'équipage.

Le salon de première classe a 14 mètres de longueur sur 14^m,40 de largeur au milieu ; il renferme treize tables où 142 personnes assises peuvent trouver place. Il est décoré avec un luxe et un goût parfaits. On y remarque une vaste cheminée en marbre, garnie d'une pendule et de candélabres en bronze d'art. Le salon est amplement pourvu de glaces, de baromètres décoratifs, de portières et de rideaux aux hublots. Les canapés, placés en abord, sont à ressort et capitonnés, avec dossiers courbes ; ils sont accompagnés d'un grand nombre de fauteuils tournants. Tout l'ameublement et les tentures sont au chiffre de la Compagnie. Le chauffage est effectué à la vapeur, comme celui du reste des emménagements.

La descente des passagers de première classe est en bois naturel de plusieurs essences et verni. Au pied de l'escalier, et de chaque côté des portes du salon, se trouvent des cariatides en bronze, supportant des lampes entre lesquelles sont placées une jardinière et une balustrade à gradins pour mettre des fleurs. Les marches sont garnies en caoutchouc strié.

Les cloisons du fumoir sont revêtues de marbre. Les portes et les meubles de cette pièce sont en noyer d'Amérique ou en teak massif.

Au milieu du salon de conversation se trouve une grande ouverture, entourée de balustrades, qui sert à donner de l'air et de la lumière au salon principal, situé au-dessous. Ce petit salon, éclairé à sa partie supérieure par une vaste claire-voie, contient des canapés, des jardinières, un piano et des glaces.

Les émigrants sont relégués dans le second entrepont qu'ils occupent en entier, sauf à l'extrême avant, où l'on a logé la grande cambuse et le poste de l'équipage.

Le fond des cales comprend : les soutes à charbon, à bagages et à dépêches, les cales de marchandises, la cave aux vins, l'annexe de la cambuse et les caisses à eau.

Le volume des soutes à charbon est, comme celui des cales, de 2000 mètres cubes. Les caisses à eau douce ont une capacité de 80 000 litres.

Sur le pont-promenade on a disposé, vers l'avant, un petit roof qui contient le logement du capitaine et la timonerie. Au-dessus, se trouve une chambre de veille contenant les appareils de commande du gouvernail et surmontée elle-même de la passerelle haute.

L'intérieur de ces bâtiments est éclairé au moyen d'une installation très complète de lampes électriques à incandescence. Les dynamos qui les alimentent sont situées dans la chambre des machines.

La manœuvre du gouvernail a été l'objet de soins tout particuliers, ce qui est une garantie sérieuse, car un paquebot désemparé de son gouvernail est toujours dans une situation très critique. Outre la manœuvre à vapeur et les appareils à gouverner à bras ordinaires, il y a deux autres systèmes de commande, indépendants, qui peuvent être sucessivement utilisés au cas où les premiers viendraient à manquer.

L'appareil moteur est du système ompound à triple expansion et du type à pilon; il comprend trois groupes de deux cylindres disposés en *tandem* [1] et juxtaposés deux à deux, dans l'axe longitudinal du navire. Les trois cylindres inférieurs constituent les cylindres de détente finale; le cylindre d'admission est superposé au grand cylindre du milieu; les deux moyens cylindres se trouvent au-dessus des deux grands cylindres extrêmes. Chaque groupe possède son bâti spécial, son condenseur, sa pompe à air et sa turbine de circulation. L'hélice a 7 mètres de diamètre; elle est à quatre ailes en bronze, rapportées sur un moyeu en acier.

1. Ce terme est emprunté au sport hippique; il veut dire : placés à la suite, dans le prolongement l'un de l'autre.

Outre les trois moteurs des pompes rotatives, ou turbines, qui assurent la circulation de l'eau dans le condenseur, on voit encore dans la chambre des machines : une pompe à vapeur pour vider l'eau des water-ballasts, un petit-cheval pour l'épuisement des cales, un autre pour l'alimentation des chaudières, enfin un vireur à vapeur pour faire tourner la grande machine pendant une visite ou une réparation.

La vapeur est fournie par un ensemble d'appareils évaporatoires qui se composent : de quatre grandes chaudières tubulaires, à retour de flamme et à six foyers, ayant un diamètre de 4^m,65 et une longueur de 5^m,60 ; puis, de quatre chaudières plus courtes à trois foyers, ayant le même diamètre que les précédentes, mais avec une longueur de 3 mètres seulement. Ces chaudières sont disposées dans le sens de la longueur, sur deux rangées. Il y a deux cheminées. Le dégagement de l'air chaud des chaufferies est assuré par quatre puits d'aérage munis de grillages à leur partie supérieure. L'air froid est amené par de nombreuses manches à vent.

A l'allure de 60 tours, ces machines ont développé aux essais une puissance de 9500 chevaux, ce qui suffit pour imprimer au bâtiment une vitesse de 18 nœuds 16 dixièmes (34 560 mètres par heure).

Ces machines présentent un intérêt capital, comme étant une des plus importantes applications que l'on ait faites jusqu'ici du principe de la triple expansion. Elles sont très économiques, grâce à l'emploi de la vapeur à aussi haute pression (8 kilogrammes) et au genre de détente adopté.

En résumé, ces paquebots, les plus grands et les plus puissants qui aient encore été construits sur le continent, sont appelés à porter avec honneur le pavillon français sur les routes si fréquentées de l'Atlantique.

L' « AUSTRAL ».

Le paquebot dont nous allons rappeler brièvement les traits principaux ne se distingue guère des précédents que parce qu'il a été construit en vue de traversée plus longues, effectuées dans des mers et dans des climats différents. C'est un des navires les plus perfectionnés naviguant ailleurs que sur la ligne de New-York. Il appartient à l' « Orient line » et fait entre Londres et l'Australie un service pour lequel, du reste, il a été spécialement construit. Il a été terminé en 1882.

La longueur de l'*Austral* est de 142 mètres, sa largeur de 14ᵐ,45. Ses lignes sont très fines; aussi, malgré ces grandes dimensions, le déplacement ne dépasse pas 9500 tonnes. Ce paquebot est entièrement en acier doux et possède trois ponts bordés en acier. Il est gréé de quatre mâts et peut déployer une surface de voilure de 2600 mètres carrés.

Les emménagements présentent une particularité

assez rare et certainement très recommandable
sous beaucoup de rapports. Les cabines des passagers ne sont pas placées en abord. Elles sont sépa-
rées des murailles du navire par une coursive de
1^m,20 de largeur environ, s'étendant de l'avant à
l'arrière. Les deux galeries ainsi formées de chaque
bord communiquent entre elles, de distance en
distance, par des passages transversaux qui donnent
en outre accès aux escaliers menant aux différents
ponts. Les chambres sont ainsi à l'abri des ardeurs
du soleil dans les mers du sud, ou du froid pendant le passage du bâtiment dans nos climats, en
hiver. En outre, les occupants ne sont plus incom-
modés par le clapotement des lames qui prive souvent de sommeil les personnes peu accoutumées
aux voyages sur mer. On peut laisser les hublots
ouverts, quel que soit le temps, sans craindre de
voir les vagues inonder les cabines. Cette disposition spéciale entraînait la nécessité de créer une
aération artificielle très complète, qui est réalisée
au moyen de ventilateurs mus par la vapeur et
de conduits dissimulés sous les ponts. A bord
d'un paquebot destiné à effectuer d'aussi longues
traversées, le confort est plus nécessaire que jamais, et les passagers de l'*Austral* n'ont pas à se
plaindre sous ce rapport. Ainsi, moyennant une
augmentation du prix de passage. ils peuvent occuper les chambres qui se trouvent au milieu du
bâtiment. Celles-ci sont disposées par séries compre-

nant toutes une cabine susceptible d'être transfor-
mée en salon : la literie se replie et se dissimule
facilement. On jouit ainsi d'un véritable petit appar-
tement, luxueux et bien meublé.

L'intérieur du navire est élairé partout au moyen
de lampes Swan à incandescence.

L'*Austral* peut effectuer la traversée de Londres
en Australie en un peu plus d'un mois, sans faire
une seule escale pour prendre du charbon.

Ce bâtiment a été construit après approbation de
l'Amirauté anglaise, qui peut, en temps de guerre,
le réquisitionner comme croiseur. A ce point de
vue, la grande capacité de ses soutes à charbon en
ferait un auxiliaire puissant de la marine militaire[1].
La puissance de l'appareil moteur, qui est de
6300 chevaux, suffit pour imprimer à l'*Austral*
une vitesse de 17^n,75 à l'heure.

Notre Compagnie des Messageries Maritimes,
dont certains bateaux effectuent des voyages ana-
logues à ceux de l' « Orient line », possède quelques
paquebots de très grandes dimensions, aménagés
avec le plus grand comfort et qui font la meilleure
figure à côté de l'*Austral* et des bateaux anglais
similaires.

---

1. Les soutes sont disposées de façon à entourer complètement
la machine, qu'elles protégeraient contre les projectiles ennemis.
L'*Austral* est muni en outre de puissantes pompes d'épuisement à
vapeur qui, en cas d'une voie d'eau, peuvent débiter 3000 tonnes
par heure.

Le « Nord-America ».

Au nombre des steamers qui ne prennent qu'exceptionnellement des passagers et sont avant tout
des bâtiments de transport, quelques-uns se trouvent
doués d'une vitesse considérable. Tels sont par
exemple les *tea-clippers* à vapeur qui luttent entre
eux de vitesse pour gagner la prime allouée au navire apportant à Londres le premier chargement de
thé de la saison. Le plus célèbre de ces bâtiments
fut le *Stirling-Castle*, construit sur la Clyde en 1882,
lequel inaugura en réalité l'ère des navires à grande
vitesse. Le *Stirling-Castle* a subi bien des vicissi-
tudes depuis sa mise à l'eau. Il fut acheté vers 1884
par une société de Gênes à la compagnie anglaise
qui l'avait fait mettre en chantier. Il reçut alors
le nom de *Nord-America*. C'était, et de beaucoup,
le steamer le plus rapide de la flotte commerciale
italienne. Encouragé par les succès de vitesse de ce
bateau remarquable, le gouvernement italien s'em-
pressa d'en faire l'acquisition et de le transformer
en croiseur ou porte-torpilleurs[1].

Voici ses dimensions principales : longueur
153 mètres; largeur 15^m,25; creux 10^m,05; tonnage 4300 tonneaux. Lors de ses premiers essais,
les machines développèrent, à 67 tours, la puissance

1. Ce navire peut porter jusqu'à 10 torpilleurs et un approvi-
sionnement de charbon pour 24 jours.

de 8237 chevaux. La vitesse fut de $18^n,42$ avec un chargement de 3000 tonnes. Pendant quelques instants le sillage s'éleva même à $18^n,75$, chiffre qui, à cette époque, n'avait encore été réalisé par aucun paquebot. Le *Stirling-Castle* a fait une traversée de Shang-haï à Hong-Kong en 50 heures. La distance étant de 871 milles marins, cela correspond à une allure de 17 nœuds 4 dixièmes par heure. Pendant quelques heures, il aurait atteint la vitesse de 19 nœuds.

Les progrès de la construction navale sont tellement rapides que l'on peut à peine les suivre. C'est ainsi qu'il existe aujourd'hui un grand nombre de vapeurs de commerce, qui, sans être tout à fait aussi remarquables que le *Stirling-Castle* sous le rapport de la vitesse, n'en sont pas moins des coursiers de premier ordre; la liste en serait longue s'il fallait les nommer tous.

Comme exemple du *cargo-boat* moderne à grande vitesse, nous citerons le *Manora*, qui appartient à une des lignes des Indes Orientales. C'est un bâtiment de 4700 tonneaux, entièrement en acier, qui, mû par une machine de 4000 chevaux, file en service 15 nœuds et demi. Il peut recevoir 76 passagers de première classe et autant environ de seconde classe. Le déchargement des cales est opéré par des appareils hydrauliques. Une machine réfrigérante sert à la conservation de la viande et des vivres. Comme le *Manora* est destiné

à naviguer surtout dans les mers du sud, on n'a
négligé aucune installation qui puisse aider les
passagers à supporter la chaleur des tropiques.
Ainsi, on a disposé un vaste pont-promenade,
abrité par des tentes, sous lesquelles on suspend
la nuit des lampes électriques. Les voyageurs qui
craignent les ardeurs du soleil et se livrent au sommeil pendant le jour, trouvent donc dès le crépus-
cule un promenoir confortable et bien éclairé où
ils peuvent respirer la brise plus fraiche de la nuit.

Nous n'en finirions pas si nous voulions décrire
seulement les plus perfectionnés de ces magnifiques
steamers qui forment aujourd'hui la meilleure partie des flottes commerciales. Nous nous sommes
attaché à choisir des exemples dont les caractères
typiques puissent fixer le lecteur sur l'état actuel
de l'art naval. Nous craindrions de dépasser les
bornes de cet ouvrage et de nous répéter en insis-
tant davantage.

CHAPITRE VIII

LE TRANSATLANTIQUE A LA MER

Le paquebot, qui depuis la veille est mouillé en rade, va appareiller tout à l'heure. Dans la brume du matin, on distingue vaguement son énorme masse noire, d'où s'échappent mille bruits confus : le sifflement de la vapeur, le grincement des poulies, le grondement saccadé des treuils à vapeur embarquant les derniers sacs de charbon ou les bagages qu'un remorqueur vient d'apporter.

Un long coup de sifflet, rauque comme un mugissement, traverse l'air ; c'est la corne à vapeur du steamer qui donne le signal du départ. Nous n'avons plus que quelques minutes pour embarquer : sautons dans le canot le plus proche, et montons à bord par l'échelle de commandement qui n'est pas encore relevée.

Sur le pont, que l'on vient de laver, encore tout ruisselant d'eau, règne la plus grande animation. Pieds nus, les matelots courent de tous côtés ; les uns hissent les embarcations, arriment les derniers bagages, ou ferment les panneaux d'écoutille ; d'autres lovent les amarres ; quelques-uns, grimpés dans la mâture, enverguent les voiles et disposent les manœuvres.

La vapeur fuse bruyamment par les soupapes. De la chaufferie s'élève, au milieu d'une buée chaude, un bruit de pelles et de voix criant des ordres ; on entend le bourdonnement des petits-chevaux d'alimentation qui fait penser aux pulsations d'un cœur gigantesque et donne au bâtiment immobile l'apparence de la vie. De temps à autre, un chauffeur demi-nu, tout ruisselant de sueur, la figure barbouillée de charbon, vient respirer l'air frais du dehors, à l'entrée de la descente qui conduit à la chaufferie.

Les passagers, encore peu familiarisés avec le navire, qui, pendant plusieurs semaines, doit être leur demeure commune, cherchent à se reconnaître et se promènent avec agitation. Tristes et hâves, les émigrants se tiennent par groupes, assis sur leurs maigre valise, avec leurs enfants dans les jambes. De temps à autre, un marin, portant une amarre mouillée, les bouscule et passe en les rudoyant.

Vers l'arrière, un grand et fort garçon, les manches retroussées jusqu'au coude, une hache à la main, découpe d'énormes quartiers de bœuf ou de mouton, récemment embarqués, et que l'on jette ensuite dans la glacière.

Les commissaires, le maître d'hôtel, les garçons,

affairés, passent en courant ; ils ont à caser les passagers, à mettre de l'ordre dans les chambres, à organiser le service, et, dans leur désir de contenter tout le monde, ils ne savent où donner de la tête.

Les officiers, dans leur tunique à boutons d'or, vont et viennent, surveillent les derniers préparatifs et font l'appel de leurs hommes.

Enfin, le capitaine monte sur la passerelle à côté du pilote qu'il interroge, regarde à sa montre, donne quelques commandements d'une voix brève, se promène un instant les mains dans les poches, puis, saisissant la poignée du télégraphe de machine, il donne l'ordre de *balancer*[1]. Presque aussitôt, un sourd grondement sort des entrailles du navire ; c'est la machine qui s'ébranle, fait deux tours en avant, autant en arrière, puis s'arrête. Le capitaine porte à ses lèvres un gros sifflet de métal et commande de relever l'ancre.

Une équipe de marins est groupée près du guindeau à vapeur : un d'eux a la main sur le levier de manœuvre, les autres veillent au stoppeur et à la chaîne, pour la faire parer. Sur le gaillard, quelques hommes se tiennent debout près des bossoirs ; ils auront pour mission de caponner l'ancre dès qu'elle apparaîtra. Dès que l'ordre de relever

1. Balancer une machine est une opération qui consiste à lui faire exécuter successivement quelques tours en avant et en arrière, dans le but de vérifier si tous les organes fonctionnent convenablement et de réchauffer les cylindres et tiroirs avant la mise en route définitive.

l'ancre s'est fait entendre, le guindeau se met à tourner lentement; la grosse chaîne, avec un bruit rauque, entre à bord par l'écubier et retombe dans le puits aux chaînes.

« L'ancre est haute! » s'écrie le maître d'équipage dès que le jas commence à sortir de l'eau. Un nouveau coup de sifflet perce l'air et le guindeau s'arrête. Les matelots saisissent alors l'ancre, près de ses pattes à l'aide du palan de traversière, et près de son organeau avec le palan de capon. On garnit les garans de ces deux palans au cabestan à vapeur et on hisse l'ancre jusqu'à la hauteur du gaillard. Grâce aux bossoirs que l'on fait tourner dans leurs supports, l'ancre est mise à son poste, puis solidement amarrée. Si le paquebot entreprend un voyage de longue durée, on détache ensuite la chaîne de l'ancre; on la rentre entièrement à bord par l'écubier que l'on vient boucher à l'aide d'une *tape* en tôle.

A peine s'est-il aperçu que l'ancre est haute que le commandant, qui a suivi attentivement ces mouvements, est venu reprendre son poste auprès du télégraphe de machine. La main sur la poignée, il transmet l'ordre : *Attention!* Aussitôt que, de la machine, son ordre lui a été répété par la même voie, pour montrer qu'il a été compris et que chacun est à son poste, il commande : *En avant doucement!*

L'énorme machine s'ébranle : l'hélice tourne

lentement d'abord ; on entend la vapeur siffler dans les tuyaux ; le paquebot se met en mouvement ; enfin, au commandement : *en route !* la machine est lancée à toute volée et le navire, recevant une impulsion plus énergique, fend les flots avec une vitesse croissante.

L'appareillage est fini, et cette opération, si compliquée et si délicate pour un grand voilier, dure à peine le temps qu'il faut pour la raconter.

Désormais, le paquebot ne devra plus s'arrêter avant d'avoir atteint le port lointain vers lequel il conduit plusieurs centaines de passagers ; pendant huit jours, pendant quarante jours, suivant sa destination, il marchera droit devant lui, sans interruption.

La vie de bord a commencé, et les côtes blanchâtres sont déjà loin ; au-dessus des bastingages quelques mouchoirs s'agitent encore pour jeter un dernier adieu. La cloche du déjeuner tinte joyeusement ; comme la mer est calme et que le steamer est encore à l'abri de la houle du large, tout le monde répond à cet appel et le pont se vide en quelques instants des passagers qui l'encombraient.

Quittons aussi le pont, si vous le voulez bien, pour descendre un instant dans la machine, qui nous offre à nos yeux un intérêt particulier, et profitons, pour faire une excursion dans la chaufferie, des premières heures de marche qui pourront être plus instructives.

Qu'on nous permette à ce sujet une courte dis-
gression. A bord d'un paquebot, le personnel de la
machine se compose, par ordre hiérarchique : d'un
chef mécanicien, d'un *premier*, d'un *second*, d'un
troisième mécanicien ou plus, de *graisseurs*, de
chauffeurs et de *soutiers*.

Le chef mécanicien ne fait pas de quart; il est
chargé de la surveillance générale de l'appareil
moteur et de tout ce qui est machines à bord :
treuils à vapeur, guindeau, servo-moteur, etc. Il est
seul responsable devant la compagnie qui l'emploie.
Les autres mécaniciens font chacun, alternativement, trois fois par vingt-quatre heures, un
quart de quatre heures, pendant lequel ils ont la
direction générale de la machine et de la chauffe,
et ce n'est pas une sinécure. Dans un grand vapeur, il y a simultanément deux et même trois
mécaniciens de service, dont l'un est chef de
quart. Le premier s'occupe, par exemple, de la
machine principale, le second de la ligne d'arbre
et des appareils auxiliaires, le troisième de la
chauffe.

Les graisseurs, qui sont considérés comme de
simples matelots à peu près au même titre que les
chauffeurs, sont tous logés dans un poste commun,
tandis que les mécaniciens, plus favorisés, ont
chacun une cabine séparée. Les graisseurs font leur
quart en nombre variable, suivant l'importance de
la machine. Comme leur nom l'indique, ils sont

chargés du graissage, de l'entretien, du nettoyage, sous les ordres du chef de quart.

Les chauffeurs ont généralement la charge et l'entretien de trois foyers chacun pendant leur quart. Ils ont un rôle tout à fait secondaire et ne peuvent prendre aucune initiative.

Les soutiers sont des chauffeurs de second ordre : ils ont surtout pour mission d'alimenter la chambre de chauffe du combustible qu'ils retirent des soutes pendant la marche et sont aussi chargés d'arrimer le charbon à bord avant le départ.

Ainsi, dans un paquebot de 10 000 chevaux, chaque quart se compose de : 3 mécaniciens, 6 graisseurs, 20 chauffeurs, 10 soutiers, soit en tout 39 hommes travaillant simultanément. Or, comme chacun d'eux ne fait que trois quarts par jour, il s'ensuit que le personnel complet de la machine comprend 78 individus au moins.

Maintenant que nous sommes à peu près édifiés sur la qualité des gens à qui nous aurons affaire, descendons dans la chambre de la machine, par l'échelle en fer à laquelle donne accès une des portes du roof.

Après avoir traversé plusieurs étages formés de parquets métalliques à jour, nous arrivons, au milieu d'une chaleur étouffante, sur la plate-forme de manœuvre, où nous trouvons le mécanicien de quart, vêtu simplement d'une chemise de flanelle, d'un pantalon et d'une veste de coutil. Il se tient à proximité du télégraphe, la main sur le volant de changement de marche, prêt à exécuter les ordres qui lui seront transmis.

A bord d'un steamer moderne, le rôle du mécanicien est aussi important que celui du commandant, bien que la hiérarchie établisse une distinction. Aussi ce poste exige-t-il, de qui veut le remplir convenablement, plusieurs qualités de premier ordre, rarement réunies chez un même homme. Il faut, à un bon mécanicien, de l'intelligence, de l'initiative, du sang-froid, de l'activité, une santé de fer, le tout joint à une certaine instruction et à une assez longue pratique. Certes, les fonctions d'un mécanicien, surtout au moment de la mise en route, sont loin d'être faciles. Il doit avoir l'œil à tout en même temps, penser à tout, être partout, et, quelle que soit la besogne spéciale que les conditions particulières du fonctionnement ou l'état de la machine imposent à un moment donné, être continuellement prêt à obéir au premier ordre transmis par le commandant, sous peine d'occasionner de graves accidents.

Du reste, nous allons en juger par nous-mêmes; notre steamer vient de stopper pendant quelque temps pour réparer une avarie survenue à la pompe à air. Après une heure d'arrêt fiévreusement occupée, le mécanicien a fait savoir au commandant qu'il était prêt à remettre en route. Suivons-le dans ses principales opérations.

Pour que la machine puisse tourner, il est préa-
lablement nécessaire de créer dans le condenseur
un vide convenable, ou du moins, de refroidir
suffisamment celui-ci pour que la première vapeur
qui s'échappera du grand cylindre soit immédiatement condensée. Il faut donc tout d'abord mettre
en mouvement la turbine de circulation à une
vitesse convenable, et comme, dans un grand paquebot, il y a quelquefois deux et trois condenseurs ayant chacun une pompe de circulation spéciale, l'opération se complique. On doit veiller à ce
que ces turbines soient toutes amorcées pour
qu'elles ne se trouvent pas paralysées au moment
précis où l'on en aura besoin ; et, afin de ne pas
gaspiller inutilement la vapeur qui les actionne.
il convient de ne pas les faire tourner avant l'instant où elles devront agir.

Le mécanicien doit tout d'abord distribuer son
personnel ; il veille à ce que tous les organes : cylindres, têtes de bielles, glissières, coussinets, soient
convenablement lubrifiés, à ce que les trous des
godets graisseurs ne soient pas bouchés par le cam-
bouis ; il fait ouvrir ou fermer certains robinets
— et Dieu sait quel réseau inextricable de tuyaux
et de valves l'entoure de toutes parts ! — il s'assure que les chaudières sont en pression et que le
niveau de l'eau y atteint la hauteur réglementaire,
que les feux sont en bon état et ne nécessiteront
pas de décrassage avant plusieurs heures. Encore

ne citons-nous qu'une faible partie des obligations imposées à un chef de quart.

Dès qu'il a reçu l'ordre de balancer, le mécanicien ouvre les purges, puis la valve de mise en train. Agissant sur le changement de marche, il met progressivement les coulisses dans une position qui correspond à la marche en avant. La vapeur siffle dans les tuyaux et les boîtes à tiroir, mais aucun mouvement ne se produit : la machine est *piquée*. Vite, quelques tours à la roue du changement de marche, et les coulisses sont disposées pour la marche en arrière; l'immobilité continue : la machine est piquée pour les deux sens de rotation. Alors, le mécanicien atteint le levier de l'introduction directe de vapeur au grand cylindre et ouvre légèrement la valve qu'il commande. Aussitôt l'immense appareil s'ébranle avec un bruit sourd. Il faut alors suivre attentivement de l'œil le mouvement de la machine, et refermer cette valve avant que le grand piston ait commencé sa marche rétrograde. Quand l'arbre a fait ainsi un ou deux tours, le chef de quart fait remettre les secteurs au point mort; tout s'arrête; puis il les fait disposer pour la marche en avant, jusqu'à ce que l'appareil ait opéré quelques révolutions dans ce sens. Souvent, la machine se trouve encore piquée dans sa nouvelle position et la même opération est à renouveler,

Enfin, on est paré à mettre en route, la valve de

prise de vapeur est ouverte, le papillon est fermé
et les coulisses sont au point mort. Au commandement : *En avant !* on replace les coulisses au degré
convenable, en ayant soin d'agir avec douceur
pour éviter les secousses et les à-coups. Puis, en
manœuvrant le papillon, on lâche peu à peu de la
vapeur à la machine dont la marche s'accélère.
Bientôt, la vitesse normale est atteinte ; il faut désormais veiller à conserver la même allure, à un
ou deux tours près, au plus, par minute.

Pendant ce temps, les graisseurs, fort affairés,
vont et viennent, montent et descendent d'étage en
étage, portant chacun une burette à huile et un gros
bouchon d'étoupe, tâtant les pièces en mouvement
pour s'assurer qu'elles ne chauffent pas, lubrifiant
celles qui manquent d'huile ou qui menacent de
gripper.

Une fois en route, le personnel doit s'attacher à
conserver un bon vide dans le condenseur, et, pour
ne pas perdre d'eau douce, à alimenter les chaudières d'une manière à peu près continue. Il faut
éviter de laisser les feux s'encrasser, la pression
tomber, ou le niveau baisser dans les chaudières.
Il ne faut pas une minute de négligence ; le bruit
de la vapeur s'échappant au condenseur, le gar-
gouillement de la pompe à air, les claquements
plus ou moins cadencés des clapets, sont des voix
que le mécanicien doit comprendre et qui lui
apprennent immédiatement si tout est en bon ordre

Le chef de quart doit être assez familiarisé avec les bruits divers de sa machine pour distinguer ceux qui sont normaux de ceux qui, accidentels, sont l'indice d'un mauvais fonctionnement.

Tout à coup, une odeur d'huile brûlée se répand autour de la machine. C'est une pièce trop serrée qui chauffe. Aussitôt, il faut reconnaître quel est l'organe malade, puis, ouvrir les robinets des arroseurs afin de projeter sur les articulations un filet d'eau de mer qui les refroidit et forme avec l'huile une sorte de savon très lubrifiant.

Mais l'oreille exercée du mécanicien distingue, au milieu des mille bruits de la machine, un grincement qui le surprend désagréablement; jetant les yeux du côté où son attention est attirée, il s'aperçoit que l'eau d'arrosage se vaporise et crépite en retombant sur une des bielles. Les coussinets chauffent, malgré l'huile, malgré l'eau; la tête de bielle est trop serrée, elle menace de gripper, quelques tours encore, et la portée du vilebrequin sera sérieusement avariée. On stoppe en toute hâte, on prévient l'officier de quart, tout le personnel de la machine est immédiatement requis, on apporte des clefs pour desserrer les écrous, un palan pour maintenir la bielle, puis on commence à démonter le chapeau. On vient ensuite interposer entre les coussinets un mince clinquant en cuivre, de quelques dixièmes de millimètre d'épaisseur; on remonte la bielle, on refait le serrage, et tout cela

14

dans une obscurité relative, quelquefois avec un
roulis qui empêche les hommes de se tenir debout.
Cette opération, plus délicate qu'on ne le pense,
demande du tact de la part du mécanicien : si la
cale que l'on ajoute est trop mince, elle sera insuffisante, il faudra recommencer presque aussitôt, si
elle est trop épaisse, la tête de bielle aura du jeu, il
se produira des chocs, on devra de nouveau stopper
et démonter.

Ce travail dure plus ou moins longtemps, suivant
les dimensions et le poids des pièces à remuer, ou
l'expérience du personnel, mais c'est un des petits
accrocs les plus fréquents et les moins graves qui
puissent arriver à la mer. Trop souvent, il se présente des avaries plus sérieuses ou plus dangereuses :
tantôt, c'est un segment de piston qui se brise, une
bielle qui casse ; tantôt, c'est un arbre à manivelles
qui se rompt ou un tuyau de vapeur qui crève. Et
alors, quel que soit l'état de la mer, il faut stopper, souvent plus de vingt-quatre heures, et tra-
vailler sans repos à réparer l'accident. Quelquefois
même on ne peut y remédier avec les ressources
dont on dispose à bord, il ne reste plus qu'à faire
des signaux de détresse et à demander la remorque
au premier steamer qui viendra à passer.

D'autrefois, c'est un coup de feu à une des chaudières ; les tôles du foyer, pour des raisons diverses,
telles que le manque d'eau, la présence d'incrusta-
tions ou de dépôt graisseux, rougissent et s'affais-

sent sous l'influence de la pression. Il faut alors mettre bas les feux et marcher avec les autres chaudières en tâchant, bien entendu, de perdre le moins de route possible. Si l'appareil ne comporte qu'une chaudière et que, ce qui s'est vu souvent, tous les foyers soient attaqués, il faudra encore avoir recours à la remorque complaisante d'un autre bâtiment.

Ces accidents, et des milliers d'autres que nous ne pouvons citer, sont beaucoup plus fréquents qu'on ne se le figure généralement, quels que soient le soin et la conscience avec lesquels les machines marines peuvent être construites. Ils sont la terreur des mécaniciens, dont ils engagent la responsabilité, qu'ils obligent à des veilles et à des fatigues incessantes, tout en compromettant leur existence. Ils ne causent pas un moindre effroi aux capitaines et aux armateurs. Désemparé de sa machine, muni d'une voilure insuffisante pour qu'il puisse gouverner, l'énorme steamer devient le jouet des flots, et ce n'est le plus souvent que grâce à sa robuste construction qu'il doit son salut. Si la mer est grosse, l'immense coque inerte finit par se mettre en travers à la lame. Les paquets de mer formidables tombent à bord et brisent tout. On doit alors se trouver heureux quand un roof n'est pas emporté, une claire-voie ou un panneau d'écoutille défoncés, les chambres inondées et la cargaison avariée.

Encore, le paquebot n'est-il pas sauvé lorsqu'il

a rencontré un autre navire qui consente à le remorquer, bien que ce soit un genre de service qui se paye un prix considérable.

Il faut une force de caractère et une énergie peu communes pour commander un grand paquebot ; c'est une terrible responsabilité que celle d'un homme sur qui reposent la vie de plusieurs centaines de passagers et l'existence d'un bâtiment valant plusieurs millions. On ne saurait trop admirer le dévouement de ces braves officiers ; esclaves de leur devoir, par tous les temps, par la neige, par le froid, au milieu de la tempête qui leur fouette au visage la pluie ou les embruns, il leur arrive quelquefois de ne pas quitter la passerelle pendant plus de vingt-quatre heures. Le roulis les oblige à se cramponner au garde-corps, alors que, brisés par la fatigue, les veilles, les angoisses, ils peuvent à peine se soutenir. Pendant que les paquets de mer déferlent à bord et que l'ouragan mugit dans les manœuvres, ils doivent dominer le tumulte des éléments, donner des ordres d'une voix toujours ferme, ne jamais perdre leur sang-froid, et trouver encore moyen, pendant leurs rares moments de repos, de rassurer les passagers, de faire bonne figure aux femmes, et de ne jamais trahir leur épuisement ou leurs appréhensions. C'est une rude vie, et il faut être fortement trempé pour en accomplir strictement tous les devoirs. Et quels hommes vaillants que ces marins modestes qui, malgré les exigences du plus dur de tous les métiers, n'exhalent jamais une plainte, ne profèrent jamais une parole d'amertume ou de regret. Que de dévouements obscurs, que de sacrifices inconnus et sans gloire !

Ce que craignent le plus les marins, à bord de ces steamers géants qui défient les forces de la nature, ce ne sont ni les tempêtes, ni les fureurs aveugles de la mer. Leur ennemi le plus redouté, celui qui la nuit ne leur laisse pas un instant de repos et tient constamment leur attention en éveil, c'est la chance d'une collision, soit avec un iceberg en dérive, soit avec un autre bâtiment. L'Atlantique est vaste sans doute, mais comme la ligne droite est le plus court chemin d'un point à un autre, et que New-York est l'objectif de presque tous les paquebots qui, de la Manche ou de la mer d'Irlande, font voile vers l'Amérique du Nord, la route qu'ils suivent tous se trouve en réalité fort limitée dans sa largeur. Il est vrai que l'on veille à bord, que les yeux perçants des hommes ou des officiers de quart scrutent incessamment l'horizon, que, la nuit, les fanaux réglementaires indiquent la position des navires et le sens dans lequel ils se dirigent. Mais qu'une brume épaisse se lève, une de ces brumes qui règnent pendant des semaines sur certaines régions de l'Atlantique, rendant invisibles les objets les plus brillants ou les plus volumineux, même à une distance de quelques mètres, et le paquebot, si bien gardé qu'il soit par la vigilance de son équipage, navigue à toute vapeur dans une obscurité effrayante, s'avançant entre les murs épais d'un impénétrable brouillard que les foyers électriques les plus puissants ne peuvent percer. Qu'un autre steamer suive la même route en sens contraire ou vienne à traverser son chemin, et un terrible abordage s'ensuit. Pendant la saison où les glaces du pôle, amollies par le soleil du printemps, se détachent des masses qu'elles formaient et dérivent vers le sud, entraînées par des courants sous-marins, qu'un énorme iceberg sortant tout à coup de la brume coupe la route du transatlantique, et celui-ci s'effondrera avec la vitesse d'un train de chemin de fer contre cette barrière fatale.

De temps à autre, l'attention publique est appelée par la nouvelle d'un désastre semblable. Souvent, cette scène terrible n'a pas de témoins pour la raconter : navire, équipage et passagers s'engloutissent sous les lames glauques sans que leur appel soit entendu par un être vivant.

On se rappelle l'émotion que causa, il y a une dizaine d'années, le naufrage de la *Ville-du-Havre*, paquebot de la Compagnie Transatlantique, coulé en plein Océan par un steamer anglais. Sur trois cent treize personnes qui étaient à bord, deux cent vingt-six périrent! Tout récemment, le meilleur marcheur de l'Atlantique, ce vapeur merveilleux que nous avons décrit plus haut, l'*Oregon*, a péri

misérablement, abordé en travers par une petite
goëlette américaine. Par bonheur, cette fois on n'eut
à déplorer que des pertes matérielles. Actuellement,
l'*Oregon*, ce chef-d'œuvre de science et de mécanique, qui avait coûté des millions et avait tant de
fois défié les éléments, repose englouti, épave aban-
donnée, par trente mètres de fond, non loin de la
côte américaine. Encore quelques mois, et ce célèbre paquebot qui faisait hier l'orgueil de la marine
anglaise, recouvert de végétations et de coquillages, ne se distinguera plus des rochers sous-
marins! Un bateau-feu a été mouillé près de
l'épave de l'*Oregon*, sur la route suivie par les navires venant d'Europe, pour leur indiquer de passer
au large.

Disons-le pourtant, ces désastres sont relativement rares. Si l'on tient compte du nombre toujours croissant de vapeurs qui sillonnent l'Océan,
des routes fréquentées qu'ils parcourent, de la
vitesse considérable dont ils sont animés, on devra
même s'étonner que les collisions ne soient pas plus
nombreuses. Le passager qui traverse aujourd'hui
l'Atlantique ne court guère plus de risques que le
voyageur qui fait un long parcours en chemin de
fer : les naufrages des paquebots ne sont pas plus
à craindre que les déraillements des locomotives.
Ces bâtiments, solidement construits, bien machi-
nés, dirigés par un personnel d'élite, nombreux et
vigilant, sont exposés à beaucoup moins de dangers

que les cargo-boats, souvent mal entretenus, sur-
chargés, et montés par un équipage insuffisant.
A-t-on réfléchi aux sombres drames que renferme
cette phrase, hélas! journellement répétée, dont le
Bureau Veritas fait suivre le nom de certains bâtiments naufragés, dans les bulletins trimestriels
qu'il publie : « Supposé perdu faute de nouvelles »?
Est-ce une explosion de chaudière qui a causé la
perte du bâtiment? Un panneau d'écoutille a-t-il été
défoncé par un paquet de mer? Un récif a-t-il percé
la coque? Le vapeur, chargé à outrance, a-t-il
sombré, accablé par la fureur des lames? A-t-il
été victime d'une collision? Les seuls témoins
qui pourraient éclairer l'opinion, ne sont plus là
pour nous renseigner ! De si terribles catastrophes
ne sont même pas un enseignement, car la leçon
est perdue pour les marins aussi bien que pour les
constructeurs.

CHAPITRE IX

LES PAQUEBOTS A ROUES ET LES FERRY-BOATS

Les grands paquebots transatlantiques n'ont pas, dans la marine commerciale, le privilège exclusif de la vitesse. Ils sont même, sous ce rapport, restés longtemps inférieurs aux petits steamers à roues qui font le service de la malle et des passagers entre Calais et Douvres, Boulogne et Folkestone, Holyhead et Kingstown, pour ne citer que les lignes les plus fréquentées.

Ces élégants petits bâtiments, fins comme des yachts, et bien connus de tous ceux qui ont traversé la Manche, sont actionnés par des roues à aubes, à cause du faible tirant d'eau qui leur est nécessaire. La vitesse dont ils doivent être animés exigerait des hélices de trop grandes dimensions pour que l'on pût avoir recours à ce genre de propulseur.

Rien n'est plus élégant que ces steamers à roues, en vertu de ce principe d'esthétique qu'une œuvre matérielle, pour être belle, doit présenter un extérieur tel qu'au premier coup d'œil on en reconnaisse la destination. Le bateau à hélice, au contraire, semble résulter d'un compromis entre la voile et la vapeur : ses formes sont bâtardes et son aspect est moins satisfaisant.

D'ailleurs, les paquebots à aubes que l'on rencontre dans la Manche et dans la mer d'Irlande sont généralement construits avec beaucoup de goût, aménagés avec un véritable luxe, étincelants de propreté. Ils sont tout pimpants et tout coquets, avec leurs cheminées et leurs tambours d'une blancheur immaculée, leur pont briqué, leurs roofs en teak verni, et leur fine mâture gracieusement inclinée vers l'arrière. Installés uniquement en vue de très courtes traversées, leurs emménagements diffèrent notablement de ceux que l'on rencontre sur les paquebots ordinaires. Les cabines isolées sont presque toutes supprimées. A l'arrière, un vaste salon, muni de lits mobiles que l'on relève pendant le jour, est destiné aux passagers de première classe; une autre chambre, plus petite, a l'honneur de recevoir les dames. Vers l'avant, une grande cabine sert à la fois de dortoir, de salle à manger et d'abri aux passagers de seconde classe. Généralement, la plus belle partie du pont est occupée par un roof, large et bien éclairé, qui renferme : salon de conversation, salon des dames, fumoir, restaurant, cabines des officiers du bord, etc. Ce roof est quelquefois surmonté d'une promenade.

séjour favori de tous les passagers que n'effraye
pas la brise marine.

La plupart de ces paquebots jouissent de très
belles vitesses. Quelques-uns filent même de 17 à
18 nœuds ($33^{kil},50$ par heure). L'un d'entre eux,
l'*Ireland*, le plus neuf et le plus puissant d'ail-

Fig. 32. — L'*Ireland*.

leurs, que nous allons décrire sommairement, a
atteint, aux essais, par une mer assez dure, la
vitesse très remarquable de 20 nœuds 3 dixièmes.
C'est dire qu'il tiendrait tête aux meilleurs torpilleurs.

Ce steamer, que la figure 32 représente en mer
au cours d'une de ses traversées, fait le service de

la malle irlandaise, entre Holyhead et Kingstown : il a été construit en 1885 par MM. Laird de Birkenhead.

Rappelons d'abord que les paquebots appartenant à cette ligne célèbre ont de tout temps compté parmi les plus rapides du monde. Le service qu'ils font passe pour n'avoir jamais été interrompu par une tempête; le brouillard seul les a immobilisés en quelques rares circonstances. Un témoin oculaire nous a raconté, au sujet de ces bateaux, qu'assistant un jour, de la jetée d'Holyhead, au départ du *Connaught* par une véritable tempête, il le vit disparaître sous une énorme lame pendant une demi-minute, si bien que ses cheminées seules étaient restées visibles au-dessus d'un nuage d'écume. Aussi a-t-on dû munir ces bâtiments, très fins et très rapides, d'un *dos de tortue* qui protège leur avant lorsqu'ils marchent à toute vapeur dans une grosse mer debout.

Mais revenons à l'*Ireland*, la dernière addition à cette vaillante flottille, et l'un des plus beaux spécimens d'architecture navale qui existent. C'est un paquebot à roues qui mesure $115^m,80$ de longueur, $11^m,60$ de largeur et jauge 2600 tonnes. Son tirant d'eau arrière est de $4^m,10$. Il est construit à *spardeck* et son avant se termine par une élégante guibre. Les machines et chaudières occupent le milieu du navire.

Dans le premier entrepont arrière sont : le grand

salon, le salon des dames, quinze cabines de première classe, de luxueux lavabos et water-closets. Au-dessous, éclairés par de larges ouvertures pratiquées dans le pont et par des hublots, se trouvent : une salle à manger où cinquante convives se tiennent très à l'aise, plusieurs cabines, l'office et la chambre des dames.

Dans les deux entreponts avant, on a disposé quelques cabines de 1re classe, les cabines de 2e classe, le bureau de poste où sont classées les lettres pendant le voyage, les cabines d'officiers, enfin, les postes de l'équipage et des chauffeurs.

Sur le pont supérieur, un élégant roof sert de logement au capitaine. Entre les tambours des roues s'étend une vaste passerelle, sur laquelle se trouve une petite cabine en bois verni qui abrite le servo-moteur et la roue du gouvernail.

L'*Ireland* est gréé de deux petits mâts très inclinés sur l'arrière ; il porte deux grosses cheminées placées, l'une en avant, l'autre en arrière des roues.

La machine, qui a des dimensions grandioses à cause de la lenteur de sa rotation, est du système oscillant, à deux cylindres non compound, actionnant deux manivelles à angle droit. Les pompes à air, au nombre de deux, sont actionnées par des excentriques gigantesques. Cet appareil a développé 6340 chevaux, avec tirage forcé, à 27 tours. Pour donner une idée de ses proportions, il nous suffira de dire que chacun des cylindres mesure

$2^m,75$ de diamètre intérieur et pèse, sans ses couvercles, 52 tonnes (le poids d'une locomotive); les pistons seuls pèsent 8 tonnes chacun; ils portent deux tiges. Le poids de l'arbre est de 47 000 kilogrammes, celui de chacune des roues de 55 000 kilogrammes. La pression initiale due à la vapeur, sur un seul des pistons, est de 175 000 kilogrammes! L'arbre des roues a un diamètre de 88 centimètres.

C'est un spectacle imposant que d'assister, de la plate-forme de quart, au fonctionnement de cette colossale machine, de regarder osciller ces gigantesques cylindres et d'apercevoir, dans un éclair, les manivelles monstrueuses et les énormes têtes des tiges de piston accomplissant majestueusement leurs révolutions.

Comme l'on a voulu avant tout faire une machine légère et que l'économie de combustible n'offrait qu'une importance secondaire pour un bâtiment à grande vitesse effectuant d'aussi courtes traversées, on n'a pas eu recours au système Compound ni au condenseur à surface, et la pression aux chaudières a été limitée à deux atmosphères effectives. Cette dernière circonstance a permis de donner aux générateurs de faibles épaisseurs et, par conséquent, de diminuer leur poids.

Les corps évaporatoires, au nombre de huit, sont carrés, suivant l'ancienne pratique, ce qui a facilité leur installation à bord; ils comprennent en tout 52 foyers.

C'est un fait assurément digne de remarque que,
pour des raisons parfaitement justifiées d'ailleurs,
le paquebot le plus rapide du monde ait une
machine à basse pression, un condenseur par mélange, et des chaudières marchant à l'eau salée.

L'*Ireland* a fait à différentes reprises la traversée
d'Holyhead à Kingstown, en 2 heures 46 minutes.
La distance entre ces deux ports étant en ligne droite
de 65 milles anglais, la vitesse moyenne ressort
à 20 nœuds 2 dixièmes. Toutefois, la vitesse réelle a
été un peu supérieure, en raison des embardées
inévitables et de la direction du sillage qui, n'étant
jamais parfaitement rectiligne, augmente sensiblement la distance parcourue.

A côté de ces paquebots à roues qui sont parfaitement marins, il faut ranger une certaine classe
de steamers qui, ne se risquant à la mer que par
beau temps, sont uniquement destinés à un service côtier et fluvial. C'est encore en Angleterre
qu'il faut aller chercher des exemples parmi ces
bateaux à faible tirant d'eau, véritables navires-
salons qui transportent pendant l'été quantité
d'excursionnistes sur les côtes et dans les baies pit-
toresques de l'Écosse. Plusieurs de ces bâtiments
filent 17 nœuds en service. Le pont est généralement recouvert par un grand roof qui contient tous
les salons et que surmonte un promenoir.

Une autre catégorie de bateaux très intéressante
est formée par ces steamers de rivière à très faible

tirant d'eau, dont la roue unique se trouve à l'arrière de l'étambot. Les Anglais en ont fait contruire plusieurs, pendant leur dernière campagne en Égypte, pour remonter le Nil. La Marine française a également commandé un certain nombre de canonnières sur ce modèle, pour le service du Tonkin. On en trouve aussi quelques spécimens sur différents fleuves des États-Unis.

Ces bateaux, dont le trait le plus saillant est leur petit tirant d'eau, sont construits avec une extrême légèreté; ils sont entièrement en acier, ont un creux peu considérable et une grande largeur. En raison du peu de rigidité et de résistance que présente une coque aussi mince, on a dû, dans bien des cas, les consolider et les armer par des charpentes à treillis, qui forment superstructures. La roue est supportée à l'arrière du bâtiment par une carcasse métallique, de telle sorte qu'elle ne forme par de saillie latéralement et n'augmente pas la largeur. Elle est actionnée par une double machine horizontale. La chaudière est généralement du type locomotive. Comme ces bateaux ont un faible déplacement, l'appareil évaporatoire est placé vers l'extrême avant, afin de ne pas surcharger l'arrière et de ne pas créer de différence de tirant d'eau. Les logements sont toujours placés dans des roofs légers, le creux de la coque étant insuffisant pour qu'on puisse y disposer des aménagements.

Le sillage de ces steamers ne dépasse guère 7 à 8 nœuds, car la lenteur de rotation des roues interdit l'emploi de machines puissantes et à grande vitesse sous un faible poids, comme dans les torpilleurs. Tout est sacrifié à la légèreté et au tirant d'eau.

Parmi les grands bateaux de rivière, nous citerons le *Rapide*, construit en France en 1876, et qui fait le service des voyageurs entre Nantes et Saint-Nazaire. La coque, extrêmement fine et étroite, a 85 mètres de longueur. Le tirant d'eau ne dépasse pas $0^m,90$. La machine est remarquable par sa légèreté.

Nous ne citerons que pour mémoire les somptueux *steam-boats* américains de l'Hudson et du Mississipi, qui ont été trop souvent décrits pour que nous nous y attardions.

Moins élégants et moins luxueux, mais non moins intéressants, sont les *ferry-boats* ou bacs à vapeur qui, en maints endroits du globe, transportent d'une rive à l'autre, dans une baie, un estuaire, un lac ou un large fleuve, des piétons, des voitures et même des trains entiers de chemin de fer. On en rencontre de très nombreux spécimens en Amérique. La figure 33 représente l'élévation extérieure d'un nouveau ferry-boat à roues, le *Cape Charles*, qui peut prendre à bord, sur deux files de rails, quatre de ces énormes wagons à trucks articulés qui circulent sur les chemins de fer, de l'autre côté de

15

l'Atlantique. Un roof, s'étendant sur presque toute la longueur du bâtiment, renferme un vaste et luxueux salon, des cabines, une salle à manger, des offices, cuisines, etc. La machine est du modèle à balancier, classique en Amérique. Il y a deux chaudières et deux cheminées.

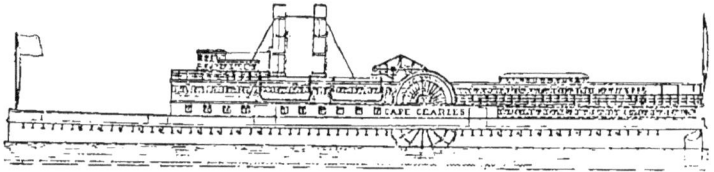

Fig. 55. — Ferry-boat américain.

Il existe également en Europe des ferry-boats ana-logues. A la fin de 1881, le gouvernement danois décida la construction de deux grands bacs à vapeur pouvant prendre à bord dix-sept vagons à marchan-dises chargés, ou treize voitures à voyageurs. Les bâtiments devaient être très marins et d'une grande solidité, non seulement pour résister aux mauvais temps, fréquents dans le Belt, mais encore pour se forcer un passage à travers les glaces qui, en hiver, encombrent ce détroit ; de cette façon, la commu-nication entre le Danemark et la Zélande ne doit jamais être interrompue. La vitesse imposée aux constructeurs fut de 13 nœuds.

Ces deux navires furent terminés et livrés en octobre 1883. Ils sont *amphidromes*, c'est-à-dire qu'ils n'ont ni avant ni arrière, et doivent indistinctement se mouvoir dans un sens ou dans l'autre. Leur coque est symétrique par rapport au plan médian transversal. Il y a un gouvernail à chaque bout.

Ces bâtiments sont entièrement en acier et l'on a pris des précautions spéciales pour renforcer le pont et lui permettre de supporter sans fatigue le poids des wagons, placés latéralement sur deux files de rails.

Les aménagements sont vastes et luxueux. Le grand salon, très haut de plafond, est décoré par des panneaux en érable verni et des colonnes en châtaignier ; tout le mobilier est également en châtaignier ; les sièges et les tentures sont en velours rouge.

Le plus grand soin a été apporté à la ventilation et au chauffage des chambres, ce qui est de première importance dans un climat aussi rigoureux que celui de la Baltique. A cet effet, on a disposé, sous le pont inférieur, une grande enceinte que traverse un ensemble de tuyaux dans lesquels circule de la vapeur provenant des chaudières. Un ventilateur refoule l'air frais dans cette chambre, d'où, après s'être échauffé, il est distribué dans les différentes cabines au moyen de manches munies chacune d'un registre. De semblables manches, dissimulées dans le plafond du salon, servent à l'évacuation de l'air vicié qui s'échappe par des ouvertures spéciales placées près des cheminées.

En été, on fait circuler de l'air frais dans ces conduites.

Le pont et la chambre des machines sont éclairés par des lampes électriques, afin de faciliter les manœuvres de nuit.

L'arbre des roues est actionné par une double machine compound inclinée.

La longueur totale de ces steamers est de 75ᵐ,90, leur déplacement de 1187 tonnes, et leur tirant d'eau avec 75 tonnes à bord de 2ᵐ,60 seulement.

Les machines, développant 1700 chevaux, impriment à ces bâtiments une vitesse moyenne de 15 nœuds.

Ces deux exemples de ferry-boats peuvent être considérés comme absolument typiques, et nous pensons qu'ils suffisent pour fixer les idées du lecteur sur ce sujet spécial.

CHAPITRE X

BATIMENTS DE TRANSPORT

Une très faible partie seulement des marchandises échangées par mer est transportée par les paquebots, ce but spécial étant rempli par les *cargoboats*, qui ne prennent que peu ou point de passagers.

Les *cargo-boats* — nous sommes contraint d'adopter cet anglicisme, francisé d'ailleurs, pour ne pas avoir recours à une longue périphrase, — sont toujours des steamers à hélice, en fer ou en acier, de formes très pleines, dont les dimensions varient considérablement. Les plus petits peuvent ne pas dépasser 30 ou 40 mètres de longueur, tandis que les plus grands atteignent presque les proportions des paquebots transatlantiques (fig. 34). La tendance actuelle est d'accroître le port de ces navires, leur utilisation étant en raison de leur tonnage. Ainsi, les cargo-boats qui naviguent au long cours, mais qui certes ne dédaignent pas le cabotage à l'occasion, jaugent généralement de

1200 à 5000 tonneaux. On en a fait exceptionnellement de plus grands.

Nous avons montré, dans un autre chapitre, que
les grandes vitesses sont non seulement inutiles à
ce genre de bâtiment, mais que, au delà d'une certaine limite, elles leur sont absolument inappli-
cables à cause des frais qu'elles entraînent. Il
en résulte que le sillage des cargo-boats, en
charge, dépasse très rarement 10 nœuds. Certains
d'entre ces navires, qui transportent également
quelques passagers et font de longues traversées,
peuvent atteindre les vitesses déjà très belles de 12
à 13 nœuds. Quelques *tea-clippers* ont des vitesses
tout à fait comparables à celles des meilleurs paquebots, mais ils sont une rare exception. On cite
par exemple le *Stirling-Castle*, que nous avons
mentionné précédemment, et qui aurait fait la traversée d'Australie en Angleterre avec une vitesse
moyenne supérieure à 17 nœuds, fait absolument merveilleux. Mais ce steamer est très grand,
très fin, puissamment machiné, il a coûté fort cher
de construction, et son entretien est des plus onéreux.

Pour ne pas surélever leur prix de revient, les
bâtiments de cette classe sont construits avec la
plus sévère économie. Les accessoires, l'armement,
sont réduits au strict nécessaire ; la coque et la
machine offrent toujours la plus grande simplicité
compatible avec un service actif.

Dans la plupart de ces bâtiments l'appareil moteur, placé au milieu du navire, occupe à peine le sixième de la longueur. Il faut en effet laisser le plus grand espace possible pour loger les cales à marchandises situées à l'avant et à l'arrière des cloisons étanches de la machine. Des écoutilles de grandes dimensions, que l'on ferme à la mer au moyen de panneaux et de prélarts imperméables, donnent accès dans ces cales. Des treuils à vapeur et des mâts de charge servent au déchargement toutes les fois que le quai où le steamer aborde n'est pas muni de grues à vapeur. La rapidité de chargement et de déchargement d'un cargo-boat n'est pas un des moindres éléments de son succès au point de vue financier, surtout si les traversées sont de courte durée. Au prix où sont les frets aujourd'hui, un vapeur n'est rémunérateur qu'à la condition expresse de rester à quai le moins longtemps possible et de faire le plus de voyages dans le délai le plus court. Dans les ports bien pourvus et bien aménagés, on décharge couramment un navire de 2000 tonneaux dans l'espace de vingt-quatre heures. C'est une rude vie que celle des matelots et des officiers qui montent ces steamers. Ils doivent être continuellement à la mer, par n'importe quel temps. A peine au port, il faut décharger, recharger et repartir, souvent à deux marées d'intervalle. D'un bout à l'autre de l'année, pas un instant de repos, pas une minute d'oisiveté. Citons pour exemple ces gros charbonniers qui font incessamment la navette entre quelques-uns de nos ports et Cardiff, Swansea, Hull ou Newcastle. Dès qu'ils sont en vue de terre, si le temps le permet, les écoutilles sont ouvertes, les mâts de charge guindés et les chaînes des treuils à vapeur passées dans leurs poulies. Le steamer n'est pas encore complètement amarré dans le bassin que son déchargement est déjà commencé. On l'a vu arriver par la marée du matin, et le lendemain au réveil on le cherche en vain des yeux : depuis quelques heures déjà il a repris la mer.

Les navires de transport, ceux surtout qui sont de construction anglaise et récente, possèdent des formes extrêmement pleines qui choquent le regard d'une personne habituée aux formes élégantes et élancées des vaisseaux de guerre ou des paquebots. Ce ne sont le plus souvent que de grandes boîtes presque rectangulaires, à fonds très plats, à peine affinées à leur extrémité. Pourtant ces formes lourdes répondent convenablement à la destination de ces bâtiments qui, munis de machines simples et robustes, font le plus souvent de bonnes traversées et ne tiennent pas mal la mer lorsqu'ils ne sont pas abusivement chargés.

Les logements des officiers et des mécaniciens sont placés sur le pont supérieur, soit dans un château central, au-dessus de la machine, soit sous une dunette à l'extrême arrière. Les aménagements sont généralement très confortables et beaucoup plus luxueux qu'on ne serait tenté de le croire. Il y a toujours un carré pour les officiers, une cabine séparée pour chacun d'eux, un office, et souvent une salle de bains.

Quant à l'équipage, il est logé à l'extrême avant, dans l'entrepont, et, plus fréquemment, sous un gaillard ou *teugue* élevé sur le pont qui défend convenablement l'avant du navire contre les lames.

Tout cargo-boat d'une certaine dimension porte au moins, à l'arrière, un appareil à gouverner à main, et une commande à vapeur dont la roue de manœuvre est située sur la passerelle, au milieu du navire, dans le voisinage de la chambre de veille. On appelle ainsi une petite cabine élevée sur le château central, et qui, à la mer, sert généralement de logement au capitaine ou d'abri à l'officier de quart.

La mâture et le gréement des cargo-boats sont toujours des plus rudimentaires. C'est à peine si, en cas d'avaries à la machine, la voilure peut, par une bonne brise, communiquer au navire une vitesse suffisante pour qu'il gouverne. Elle sert surtout à appuyer le steamer à la lame par gros temps.

La figure 54 représente un grand cargo-boat à la mer sous son hunier, son perroquet ses deux voiles goélettes et son foc.

A bord de quelques steamers estinés au transport continuel d'une même marchandise toujours d'égale densité, l'appareil moteur est placé à l'extrême arrière, toute la partie qui se trouve en avant restant occupée par les cales. On retrouve cette disposition sur un grand nombre de charbonniers. Pour un navire exposé à embarquer un fret d'encombrement et de poids variables, elle présenterait cet inconvénient que le balancement longitudinal ne serait pas convenablement assuré dans bien des cas. Ainsi, le bateau ayant à bord une marchandise encombrante et légère s'émergerait de l'avant et deviendrait venteux.

Le cargo-boat moderne, actionné par une bonne machine à triple expansion, est de beaucoup le plus économique de tous les moyens de transport connus. Par exemple, un semblable steamer, portant 2500 tonnes de charbon et de marchandises, à la vitesse moyenne de 8,6 nœuds, soit 16 kilomètres à l'heure, brûle en vingt-quatre heures 10,5 tonnes de charbon. Il en résulte que dans un tel navire, la combustion de 11 *grammes de charbon* — à peine le poids d'une lettre ordinaire et de son enveloppe — suffit à développer la puissance exigée par le transport d'une *tonne kilométrique*, à la vitesse de 4^m,42 par seconde.

Pour clore ce chapitre, rappelons que dans ces dernières années la vapeur a été appliquée même à des bateaux de pêche. Nous donnons, figure 55, la vue d'ensemble d'un *chalutier* à vapeur construit tout récemment pour effectuer la pêche sur les côtes

du Brésil. Ce petit bâtiment, spécimen d'une classe
de steamers aujourd'hui nombreuse, est très marin,
bien que sa longueur n'excède pas 27 mètres et sa
jauge 115 tonneaux. Il est muni à l'avant d'un dos
de tortue qui le protège contre les lames. La roue du

Fig. 51. — Cargo-boat à la mer.

gouvernail est placée sur une passerelle adossée au
mât de misaine. Le gréement est celui d'une goélette
latine. Un télégraphe met le timonier en relation
avec le personnel de la machine et lui assure un
contrôle immédiat de cette dernière. La cuisine est
située sur le pont, au milieu. Les logements de
l'équipage et des officiers se trouvent à l'avant de

la machine. En outre du poste, les aménagements sont complétés par un salon vaste et bien éclairé que l'on ne s'attendrait guère à rencontrer à bord d'un semblable bâtiment, et par deux chambres confortables.

Fig. 55. — Chalutier à vapeur.

La machine, du système compound, permet d'atteindre la vitesse de 10 nœuds à l'heure. Comme tous les appareils installés dans les bateaux similaires, elle est étudiée de façon à pouvoir tourner d'une façon régulière aux allures les plus lentes, condition indispensable pour que le chalutier puisse draguer efficacement.

Le poisson recueilli est enfermé dans des chambres

que l'on refroidit artificiellement à une température inférieure à celle de la glace fondante, ce qui assure sa conservation, pendant plusieurs jours, même dans les climats les plus chauds.

Il existe bien des variantes de ces petits bâtiments. Certaines compagnies de pêcheries en possèdent qui ne sont pas eux-mêmes appropriés pour la pêche, mais ont seulement pour but d'aller recueillir au large le poisson capturé par les embarcations à voile et de l'apporter à terre en toute hâte, quel que soit l'état du vent ou de la mer.

CHAPITRE XI

LES TORPILLEURS ET LES CROISEURS A GRANDE VITESSE

Les dix dernières années ont vu se produire de profondes transformations dans le matériel et dans la tactique des guerres navales, grâce surtout à l'introduction des torpilles. Les principales marines militaires du globe possèdent aujourd'hui des torpilleurs et des croiseurs dont la vitesse ne le cède en rien aux meilleurs paquebots transatlantiques. Nous allons étudier brièvement les traits principaux qui caractérisent ces bâtiments et examiner les conditions générales de leur fonctionnement.

Torpilleurs.

Les torpilleurs sont de petits bâtiments à très grande vitesse, et de dimensions variables, destinés, soit à lancer des torpilles automobiles, soit à porter jusque sur les flancs du navire ennemi des torpilles à espars dont le choc ou un courant électrique déterminent l'explosion.

Les torpilleurs doivent être de dimensions réduites afin d'échapper facilement aux regards de l'ennemi, de pouvoir naviguer sur des bas-fonds et se cacher dans des criques où un bâtiment plus puissant ne peut les poursuivre. Il est nécessaire qu'ils soient doués d'une grande facilité d'évolution et surtout d'une vitesse considérable, pour tomber à l'improviste sur l'ennemi, l'approcher en très peu de temps s'ils sont découverts, et fuir avec rapidité s'ils ont manqué leur but ou accompli leur œuvre de destruction. Or, nous l'avons vu, ces exigences sont difficiles à concilier, et le problème n'a été résolu complètement que grâce à des efforts incessants secondés par les progrès de la science.

Dans l'histoire des torpilleurs, deux noms surtout, ceux de MM. Thornycroft et A. Normand, doivent être cités avant tout autre.

Le premier, constructeur à Chiswick, en Angleterre, peut être considéré comme l'inventeur proprement dit et le créateur du bateau de faibles dimensions à grande vitesse. En 1871, il construisit le fameux steam-yacht *Miranda*, pour le lac de Genève, qui atteignit la vitesse, alors sans précédent, de 16 nœuds un quart par heure, bien qu'il eût à peine 15 mètres de longueur. Ce fut en réalité le prototype du torpilleur actuel.

Les résultats remarquables donnés par la *Miranda* étaient dus à l'extrême légèreté de la coque, entièrement construite en tôle d'acier très mince,

et à la puissance considérable que l'on avait su y
concentrer sous un faible poids, grâce à des dispositions de machines restées à peu près typiques
pour les torpilleurs. Comme on commençait à
parler, à cette époque, de ces embarcations spéciales, dont le besoin se faisait sentir dans toutes
les marines, M. Thornycroft ne tarda pas à recevoir
des différents gouvernements d'importantes commandes.

Le premier torpilleur proprement dit fut exécuté
pour la marine norvégienne, en 1873. Sa vitesse fut
de 14 nœuds, chiffre qui a depuis, comme nous le
verrons plus loin, été de beaucoup dépassé.

M. Augustin Normand, le constructeur bien
connu du Havre, a créé lui aussi ses types de torpilleurs, et a jusqu'ici construit une grande partie
de ceux qui portent pavillon français. Actuellement,
la fabrication de ces engins s'est beaucoup répandue
et tous les chantiers importants de notre pays s'y
livrent avec succès.

La vitesse que l'on exige aujourd'hui des torpilleurs, aux essais, est généralement de 20 nœuds.
Certains d'entre ces petits bâtiments ont atteint les
vitesses de 22 nœuds (*Falke*, 1886), ce qui fait plus
de 40 kilomètres à l'heure : la vitesse d'un train
de voyageurs.

On ne se fait pas idée des difficultés que présente, pour des navires d'aussi petites dimensions,
l'obtention de semblables vitesses. On n'est par-

venu à les réaliser qu'en réduisant au minimum le poids de la coque. Celle-ci est toujours en tôle d'acier, et son épaisseur moyenne dépasse rarement 2 à 4 millimètres ; les membrures, également en acier, sont aussi légères que possible. Toutes les parties du bâtiment qui ne sont pas strictement nécessaires, pour donner du déplacement et de la stabilité, ou pour loger les différents appareils, sont supprimées : les lignes d'eau sont extrêmement affinées, enfin, les moindres détails sont traités avec un soin et un fini remarquables.

Les deux tiers de la longueur d'un torpilleur sont souvent occupés par la machine, et ce n'est pourtant qu'à force d'études et de recherches que l'on est arrivé à concentrer une semblable puissance sous un aussi faible volume. Les torpilleurs français de 54 mètres ont des machines de 525 chevaux. Certains torpilleurs récents, de 40 mètres de longueur, possèdent des appareils de 900 à 1000 chevaux qui ne pèsent que 35000 kilogrammes avec l'eau, soit 35 kilogrammes par cheval.

Une machine marine se composant d'un appareil moteur proprement dit et d'une chaudière, il a fallu séparément chercher à diminuer, dans toute la mesure du possible, le poids de ces deux éléments. On y est parvenu, d'une part en construisant des machines fort bien étudiées, où rien n'est livré au hasard, et que l'on fait tourner à des vitesses de 300 à 400 tours par minute. Ces machines, montées sur colonnes en acier, sont de véritables chefs-d'œuvre de mécanique. D'autre part, on a beaucoup réduit le poids des appareils évaporatoires en adoptant d'une façon absolue la chaudière locomotive — le plus léger des générateurs pour une puissance donnée — et par l'emploi du tirage forcé à outrance. Il va sans dire que les chaudières des torpilleurs sont surmenées, mais cela n'est qu'un demi-inconvénient puisqu'on demande surtout à ces bâtiments de réaliser leur maximum de vitesse pendant un temps très court.

Actuellement, la marine française possède plusieurs types de torpilleurs, ayant : 28 mètres, 34 mètres, 41 mètres de longueur; ils sont dits, suivant leurs dimensions, garde-côtes ou torpilleurs de haute mer. On distingue aussi les torpilleurs-avisos, dont la longueur dépasse 50 mètres.

Ces bâtiments sont munis à l'avant de deux tubes lance-torpilles placés de chaque côté de l'étrave, longitudinalement, au-dessus de la flottaison. On produit l'expulsion des torpilles, soit par l'air comprimé, soit plutôt par l'explosion d'une faible charge de poudre à canon. Derrière ces tubes sont disposés : les magasins à torpilles; les réservoirs à air comprimé; les appareils à gouverner à main et à vapeur dont une des commandes est placée dans une sorte de tourelle métallique garnie de verres mobiles qui dépasse le pont. Le milieu du bâtiment est occupé par la machine et la chaudière, la partie arrière par les emménagements, bien réduits certes, où hommes et officiers sont loin de trouver le moindre confort.

La figure 36 représente, en vue perspective d'après une photographie, le *Falke*, torpilleur de la marine autrichienne construit à Londres en 1886, et actuel-

Fig. 36. — Le torpilleur *Falke*.

lement le plus rapide du monde. Il a filé 22 nœuds en charge ($40^k,7$ par heure).

Les torpilleurs, quoique généralement assez marins en raison de leur grande finesse et de leur insubmersibilité, sont les plus détestables bateaux du monde pour une traversée de quelque durée. Leurs trépidations continuelles, leur atmosphère raréfiée, leur étroitesse et leur peu de creux, en rendent l'habitation fort pénible. Un équipage peu entraîné est sur les dents au bout de deux ou trois jours. Si la mer est grosse, ces petits bâtiments à grande vitesse, qui ne sont appuyés par aucune voilure, ont des mouvements de roulis et de tangage si violents et si durs qu'ils donnent le mal de mer aux plus vieux marins (fig. 37). Pour donner une idée des vibrations que des machines aussi puissantes créent dans des coques aussi légères, nous sommes tenté de citer ce fait — sous toutes réserves cependant — qu'un officier de la marine britannique, présidant un essai de torpilleur, aurait vu toutes ses dents obturées se déplomber brusquement sous l'influence des trépidations dues à la marche à outrance!

En ce qui concerne l'avenir des torpilleurs, il convient de remarquer que l'on n'a pas encore complètement atteint la limite de vitesse dont ces embarcations sont susceptibles. Il est probable que d'ici peu, grâce à quelques perfectionnements, il existera des torpilleurs qui fileront de 25 à 26 nœuds aux essais. Cela paraît être le maximum possible dans l'état actuel de la science, et l'emploi de la machine à vapeur moderne, si bien étudiée qu'elle soit, ne permettra pas sans doute de dépasser ce chiffre, déjà bien merveilleux.

Toutes les marines militaires possèdent aujourd'hui des embarcations du genre torpilleurs, destinées à être portées en *portemanteau* par les

cuirassés ou les grands croiseurs, pour être mises
à l'eau au moment de l'action (fig. 58).

Ces petits canots à vapeur, joujoux fort coûteux,
sont pourvus de machines relativement très puissantes et qui sont de véritables chefs-d'œuvre
de précision et de mécanique. L'industrie privée

Fig. 57. — Torpilleur à la mer.

vient d'en construire pour la marine française qui
ont filé 13 nœuds, vitesse considérable pour des
embarcations de cette taille. Ces torpilleurs minus-
cules, qui mesurent 13 mètres de longueur seulement, reçoivent le nom de *canots-vedettes*; ils sont
munis de hampes et des accessoires nécessaires à
la manœuvre des torpilles portées. Les coques sont
en tôle d'acier de 1 millimètre à 1 millimètre 1/2

d'épaisseur; les machines développent environ
100 chevaux. Toutes les pièces de l'appareil moteur et de la chaudière sont étudiées de façon à
présenter un poids minimum : les bâtis sont en

Fig. 58. — Canot porte-torpille.

bronze; les organes du mécanisme et les chaudières, en acier, sont de dimensions aussi réduites
que possible. Le tirage est assuré, dans chaque bateau, au moyen d'un petit ventilateur mû par un
moteur à vapeur indépendant.

LES CROISEURS.

Sous cette dénomination, assez mal définie du
reste, nous rangerons les grands navires de

guerre non cuirassés, à grande vitesse, tels que :
éclaireurs d'escadre, croiseurs proprement dits, con-
tre-torpilleurs, etc. Les marines française et anglaise
en comptent quelques échantillons en service qui peuvent filer de 16 à 18 nœuds. Dans un très bref délai,
elles en posséderont chacune un petit nombre,
actuellement en construction, dont la vitesse
atteindra 19 nœuds. Nous nous contenterons d'en
citer sommairement trois exemples pris, l'un en
Angleterre, les deux autres en France.

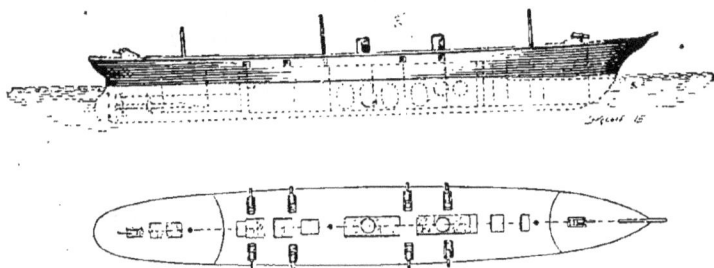

Fig. 59. — L'Iris.

L'*Iris*, lancé du Pembroke dock-yard en 1877 et
armé en 1878, est construit entièrement en acier et
répond, avec son *sister-ship* le *Mercury*, à la dési-
gnation de « armed despatch vessel » (aviso armé),
type de navire avant tout destiné à posséder une très
grande vitesse. Nous en donnons, figure 39, une
élévation longitudinale et un plan de pont.

Les dimensions principales de l'*Iris* sont les suivantes :

Longueur entre perpendiculaires. . . 91^m,50
Largeur du fort. . . . . 14^m,05
Creux (au-dessus du double fond). . . 4^m.95
Tirant d'eau arrière. . . . . 6^m,71
Déplacement. 5755

L'*Iris* est un bâtiment très fin, à deux hélices, portant dix canons rayés (64 *pounder*), quatre de chaque bord, un sur la dunette, et un sur le gaillard d'avant.

Les machines et les chaudières sont entièrement sous la flottaison ; elles sont protégées de toutes parts par des soutes à charbon qui les enveloppent et dont l'épaisseur varie de 1^m,50 à 2^m,40. Dans toute la longueur occupée par l'appareil moteur, on a disposé un second bordé intérieur formant double-fond étanche sur toute la largeur du bâtiment. Il y a dix grandes cloisons étanches transversales, qui, jointes aux cloisons des soutes et à d'autres cloisons partielles, divisent la coque en 61 compartiments étanches. L'épaisseur moyenne des tôles du bordé est de 12^{mm},5.

Les logements d'officiers sont sous la dunette. Tout l'entrepont avant est destiné à l'équipage. Les magasins, cambuses, soutes à poudre et à combustible, sont situés dans la cale inférieure.

Le bâtiment est gréé en trois-mâts goélette. Il y a un appareil à gouverner à main et un servo-moteur à vapeur de Forrester.

Les machines sont placées au milieu du navire ;

leur puissance est de 7500 chevaux, soit 1,87 cheval par tonne de déplacement, chiffre très élevé. Elles occupent en tout, avec leurs chaudières, une longueur de 42 mètres, soit près de la moitié du bâtiment. Chaque hélice est actionnée par une paire de machines compound horizontales, ce qui fait en tout huit cylindres.

Les appareils évaporatoires se composent de douze corps, disposés dans deux compartiments distincts séparés par une cloison étanche. Ces chaudières ont des dimensions variables, afin qu'elles puissent se loger dans les différentes régions qu'elles occupent; huit d'entre elles sont elliptiques, et quatre sont cylindriques. Elles comprennent 32 foyers.

La vitesse maximum de l'*Iris*, aux essais effectués le 1er août 1878, fut de 18,58 nœuds, à 95 tours, avec une puissance indiquée de 7556 chevaux. En pleine charge, avec tous les poids à bord, on réalisa, en mai 1880, la vitesse de 17 nœuds.

Le *Milan*, construit à Saint-Nazaire en 1884, par la *Société des Ateliers et Chantiers de la Loire*, est actuellement le bâtiment le plus rapide de la Marine militaire française, quelques torpilleurs exceptés. C'est un élégant aviso en acier, à deux hélices, qui est rangé dans la classe des éclaireurs d'escadre.

Ce bâtiment porte trois petits mâts gréés en goélette et deux cheminées. Son avant se termine par une sorte d'éperon, dans le seul but d'allonger les lignes d'eau. Il se distingue par la forme spéciale de son maître-couple qui est plat et terminé à sa partie inférieure par une quille très haute.

L'épaisseur moyenne du bordé est d'environ 13 millimètres. Les membrures sont formées par des fers en U que consolident des tirants obliques en cornières. Il y a deux ponts partiellement bordés en acier.

La coque comporte deux cloisons longitudinales sur une partie de la longueur et dix cloisons transversales étanches.

Les appareils moteurs, du type horizontal à bielle directe, sont entièrement placés sous le pont inférieur et au-dessous de la flottaison. Ils se composent de quatre groupes de machines principales, croisées dans le sens horizontal, et attelées deux par deux sur deux hélices indépendantes. Les deux machines de l'avant peuvent être débrayées à volonté, de manière à ne marcher qu'avec les machines-arrière, lorsque l'on ne veut pas obtenir le maximum de vitesse.

Chaque machine principale est composée de deux cylindres fixes horizontaux, entre lesquels s'intercale le groupe de la pompe à air. Ces cylindres sont conjugués sur un arbre moteur à deux coudes; un excentrique actionne la bielle de la pompe à air. La vapeur est introduite dans le cylindre-avant, elle y fonctionne et se détend ensuite dans le cylindre-arrière, d'où, après avoir produit son effet, elle est évacuée au condenseur.

Les tiroirs sont conduits par des coulisses de Stephenson. Il n'y a pas de pompes alimentaires actionnées directement par les machines, l'alimentation étant faite par deux machines indépendantes et par des petits-chevaux.

L'appareil évaporatoire est du système Belleville, et divisé en deux groupes indépendants. Il y a une cheminée par groupe et deux épurateurs. La charge des soupapes de sûreté des chaudières est de 14 kilogrammes par centimètre carré ; mais, grâce à l'interposition d'un détendeur, la vapeur ne peut arriver aux boîtes à tiroir à une pression supérieure à 10 kilogrammes.

Les hélices sont en bronze. En raison de la finesse du navire, les arbres d'hélices se projettent en porte-à-faux à l'extérieur de la carène sur une très grande longueur. Ils sont supportés par des paliers en acier, étudiés avec soin, de façon à créer le moins de résistance possible dans l'eau.

Les condenseurs, placés en abord et isolés des machines principales, sont cylindriques. Ils sont entièrement formés de feuilles de laiton laminé, rivées ensemble, ce qui leur assure une grande légèreté.

Les expériences officielles du *Milan* ont été opérées avec le plus grand soin, à toutes les allures, et ont été des plus satisfaisantes. La vitesse maximum, à outrance, a été de 18 nœuds 5 dixièmes, correspondant à une puissance de

4000 chevaux et à un nombre de tours moyen de 155 par minute.

On voit que, sous ce rapport comme sous beaucoup d'autres du reste, notre nouvel éclaireur d'escadre est plutôt supérieur à l'*Iris*, dont la vitesse en charge est de 17 nœuds au plus avec une machine beaucoup plus puissante.

Terminons cette courte monographie en rappelant que le *Milan* est armé de 5 canons de 10 centimètres, et de 8 canons-revolvers Hotchkiss.

Comme nous le disions plus haut, la Marine française fait actuellement construire à l'industrie privée deux grands croiseurs de 19 nœuds. L'un deux, le *Tage*, est en construction à Saint-Nazaire.

Le *Tage* présente les dimensions suivantes : longueur entre perpendiculaires, 118^m,80; largeur extrême, 16^m,40; tirant d'eau arrière, 7^m,40; déplacement, 7045 tonnes. C'est un bâtiment en acier, à double hélice, protégé par un pont cuirassé qui abrite toutes les parties vitales et surtout les machines et chaudières. La flottabilité est assurée par des compartiments remplis de cellulose et formant ceinture.

L'armement de ce croiseur comprendra : six canons de 16 centimètres sur les gaillards, dix de 14 centimètres dans la batterie, trois canons à tir rapide de 47 millimètres, et douze canons-revolvers du système Hotchkiss. Le *Tage* portera en outre sept tubes lance-torpilles au-dessus de la flottaison.

Les appareils moteurs se composeront de deux machines à triple expansion, horizontales et indépendantes, commandant chacune une hélice. Elles devront développer ensemble 9800 chevaux au tirage naturel et 12 500 chevaux au tirage forcé, y compris les appareils auxiliaires qui actionnent les pompes à air, les pompes de circulation ou d'alimentation, et les moteurs des ventilateurs comprimant l'air dans les chaufferies.

Il y a douze chaudières timbrées à $8^k,50$ par centimètre carré, comprenant en tout 52 foyers et trois cheminées.

Le *Tage* sera de tous points un navire très perfectionné. Il devra filer 19 nœuds aux essais, à outrance, soit environ un nœud de plus que les croiseurs protégés anglais actuellement en construction.

Ajoutons, en terminant, que le croiseur de 19 nœuds 5 dixièmes vient d'être mis en chantier, et que, sans doute, celui de 20 nœuds le suivra de près.

CHAPITRE XII

LES YACHTS A VAPEUR

Ce n'est pas ici le lieu de faire l'éloge de la navigation de plaisance, ni d'insister sur les saines et viriles distractions que peut procurer ce genre de sport. Notre but est uniquement de faire connaître en quelques mots les instruments perfectionnés que la science a mis à la disposition des yachtsmen. Il est bien entendu que, fidèle au programme que nous nous sommes tracé, nous parlerons seulement des yachts à vapeur et plus particulièrement de ceux qui se distinguent par leurs dimensions, leur confort, leur vitesse ou la nouveauté de leur construction.

Beaucoup d'amateurs du sport nautique, partisans déclarés de la voile, professent un dédain marqué pour ce qu'ils appellent le *yachting à vapeur*. Nous ne partageons pas leur manière de voir. Sans doute, un navire de plaisance à vapeur coûte plus cher de premier achat et d'entretien et ne procure pas au marin passionné les plaisirs et

les émotions d'un bateau à voiles; mais quels
beaux voyages il permet de faire en peu de temps,
puisque les marées et les vents contraires ne l'ar-
rêtent pas plus que les calmes plats! Si les plus
acharnés amateurs de navigation à voile se trouvaient immobilisés en Méditerranée pendant une
semaine, sous un soleil torride, avec des vivres
insuffisants, ne regretteraient-ils pas que leur cotre
ou leur goëlette ne pût se transformer en steam-
yacht et qu'une hélice jadis méprisée ne vînt les
tirer d'embarras? D'ailleurs, ce parallèle entre les
deux genres de navigation a été tant de fois discuté
que nous l'abandonnons aux revues spéciales. Con-
statons seulement que le yachting à voile doit rester
le plaisir des sportsmen aimant la mer pour la
mer, des jeunes-gens qui se plaisent à haler sur
une manœuvre, à se tremper d'eau de mer, à courir
les régates, et à dépenser leurs forces musculaires
en luttant contre les éléments. La navigation de
plaisance à vapeur convient aux personnes plus
mûres, aux touristes qui veulent avant tout voyager
commodément, confortablement, et voir du pays
sans avoir recours aux paquebots ou aux chemins
de fer. N'est-ce point une des choses du monde les
plus agréables que de posséder un grand yacht à
vapeur? quel plaisir sérieux et intelligent de faire,
en compagnie de ses meilleurs amis, une croisière
de quelques mois en Orient ou dans les mers du
Nord, de traverser l'Atlantique, et même de faire le

tour du monde! Seuls, les heureux de ce monde
peuvent se passer ces fantaisies coûteuses qui
demandent à la fois une grande fortune et beaucoup de loisirs.

Nous ferons remarquer que ce genre de distrac-
tion, qui ne donne pas les satisfactions d'amour-
propre du sport hippique, mais qui a quelque chose
de plus intime et de plus élevé, a fait de grands
progrès en France depuis peu d'années. Plusieurs
de nos compatriotes possèdent de ces magnifiques
bateaux qui peuvent porter dignement dans les
eaux étrangères le pavillon du Yacht-Club de
France!

Les traits caractéristiques d'un yacht à vapeur
sont tels que l'œil le moins exercé reconnaîtra vite
un de ces bâtiments, même au milieu d'une nombreuse flottille, ou dans un bassin encombré de
navires (fig. 40).

Extérieurement, les vapeurs de plaisance se distinguent d'abord par leur extrême coquetterie, par
le soin avec lequel les peintures, les cuivreries et
les moindres détails d'ornement sont entretenus et
polis, par la blancheur de leur pont toujours composé de bordés étroits aux coutures bien accen-
tuées, par la couleur uniformément jaunâtre de
leur cheminée, par le liston doré qui dessine et
accentue leur tonture. Au point de vue plus spécial
de la construction, ces bateaux se font toujours
remarquer par la finesse de leurs lignes, l'élégance

Fig. 40. — Un yacht à vapeur.

17

de leurs œuvres mortes ; leur avant se termine généralement par une guibre allongée, ornée de sculptures dorées et peintes ; leur arrière est élancé, et leur pont étroit aux extrémités. Les mâts et la cheminée sont toujours très inclinés sur l'arrière. et le gréement, très léger, est, sauf de rares exceptions, celui d'une goélette latine. Les embarcations sont en bois naturel verni ; les voiles sont ferlées avec soin et recouvertes d'étuis d'une blancheur éclatante. En un mot, cette classe de navires est définie par un certain nombre de caractères spéciaux, devenus presque classiques, et qui constituent cet aspect particulier que les Anglais désignent sous le nom de *yacht-like*.

Comme exemple de steam-yacht, nous décrirons brièvement le *Saint-Joseph* que nous choisissons de préférence, parce qu'il est de construction française.

La coque est entièrement en acier, bordée à franc-bord, et d'une solidité à toute épreuve que l'on a su néanmoins concilier avec une légèreté satisfaisante.

La longueur du bateau, entre perpendiculaires, est de 52 mètres, sa largeur de 7^m,20, son tirant d'eau arrière de 5^m,80. La maîtresse section et les extrémités sont de la plus grande finesse. L'avant se termine par une guibre élégante surmontée d'un bout-dehors, l'arrière par une voûte allongée qui donne de la grâce à cette partie du bâtiment.

Un grand roof métallique, occupant la plus

grande longueur du pont sur la moitié de la largeur environ, abrite la partie supérieure des machines et chaudières, la cuisine et une salle à manger-fumoir.

Les chambres de maître et le salon sont à l'avant, suivant la mode actuelle, tandis que le poste de l'équipage et les cabines des officiers occupent l'entrepont arrière.

Le grand salon, très bien décoré par des panneaux en érable et en acajou, et auquel donne accès un vaste escalier qui débouche dans la salle à manger placée au-dessus, mesure 10 mètres sur 7 mètres. Il est éclairé par huit grands hublots et une claire-voie.

Les quatre chambres de maîtres, confortablement installées, sont placées dans le voisinage du salon, ainsi que deux chambres de dames, l'office, la cabine du maître d'hôtel, et de luxueux water-closets.

Le poste de l'équipage est disposé pour recevoir vingt hommes. Il communique par une coursive avec les logements du capitaine, du mécanicien et du second, qui sont séparés par le carré servant à ces officiers de salle à manger et de lieu de réunion.

Les aménagements sont complétés par des magasins, cambuse, soutes aux voiles, etc.

Le *Saint-Joseph* est gréé en goélette latine.

La machine, du type compound à pilon, de la force de 700 chevaux, est suffisante pour imprimer au bâtiment une vitesse de 14 nœuds. Elle est alimentée par deux chaudières à retour de flamme qui peuvent être rendues indépendantes, de sorte qu'une d'entre elles seule est allumée lorsque l'on ne désire pas obtenir un sillage supérieur à 12 nœuds.

Jusqu'ici, le plus grand steam-yacht du monde était la *Bretagne*, de 1000 tonneaux, qui appartenait à un propriétaire français. Les dimensions de ce bâtiment sont aujourd'hui dépassées par celles d'un yacht à vapeur, qui est en construction en Amérique pour le compte de M. Vanderbilt de New-York, et qui jaugera 1310 tonnes. Les dimensions principales sont : longueur extrême, 87 mètres ; largeur, 7^m,85 ; tirant d'eau, 5^m,18. Il sera gréé en trois-mâts goëlette, avec phare carré au mât de misaine. Les machines, du système compound à triple expansion, devront développer 2000 chevaux, et imprimer au bâtiment une vitesse de 15 nœuds. Les aménagements se composeront d'un vaste salon, d'une salle à manger, et de quinze chambres d'amis.

Après ces grands yachts dont l'entretien exige des fortunes princières, se place une innombrable série de bateaux de plaisance, comprenant des bâtiments de toutes tailles, et qui finit par aboutir au dernier échelon du genre : le modeste canot à vapeur. La construction de ces embarcations n'a pas fait moins de progrès que celle des grands navires. De lourds et disgracieux qu'ils étaient il y a une vingtaine d'années, ces petits bateaux sont devenus élégants, gracieux, rapides. Leur coque s'exécute aujourd'hui en acajou, en pitchpine verni, ou même en acier. On les actionne par de petites machines compound très bien étudiées, souvent munies de condenseurs à surface en miniature (fig. 41). Les chaudières sont devenues plus sim-

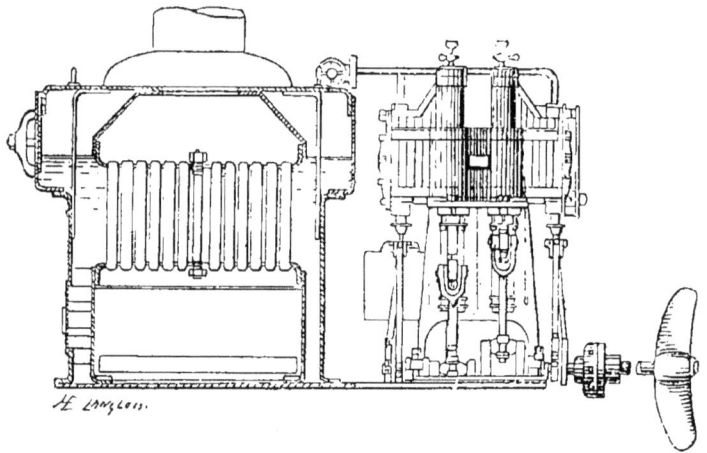

Fig. 41. — Machine et chaudière de canot.

ples, plus légères, plus économiques. Aussi, beaucoup d'amateurs, pourtant fortunés, les préfèrent-ils souvent à de véritables yachts, pour les petites excursions en rivière, sur les côtes de la mer, pour la chasse ou la pêche.

Le cadre restreint de cet ouvrage ne nous permet malheureusement pas d'insister plus longtemps sur ce sujet.

CHAPITRE XIII

ESSAIS DES BATIMENTS A VAPEUR

Beaucoup de personnes qui entendent parler des essais de navires à vapeur se demandent peut-être comment on y procède. Nous allons essayer de le leur apprendre en quelques mots.

Les essais ont pour but de s'assurer : que les machines fonctionnent convenablement, sans échauffements et sans chocs; que les chaudières sont suffisantes pour alimenter la machine et que l'on y tient facilement la pression; que l'appareil développe bien la puissance pour laquelle il a été construit et que sa consommation de charbon est réduite; enfin, que la vitesse du navire est celle que l'on espérait obtenir.

Pour l'armateur, la compagnie ou l'État qui font construire, les essais sont particulièrement intéressants en ce qu'ils permettent de se rendre compte de la valeur des engins fournis. Pour le constructeur, ces expériences offrent une double importance : non seulement elles décident de la réception du bateau qu'il vient de terminer, mais encore elles sont pour lui une leçon fructueuse qui vient s'ajouter à sa pratique antérieure, et dont il profitera lorsqu'il entreprendra de nouveaux travaux.

Dès qu'un steamer est à peu près complètement armé, que le montage à bord des machines et des chaudières est achevé, le constructeur procède d'abord, pour lui, à une expérience préalable que l'on nomme *essais au point fixe* ou *sur place*. Le navire étant convenablement amarré, dans un bassin ou dans un port, et de telle sorte qu'il ne puisse obéir à l'action de son propulseur, on fait tourner la machine, lentement d'abord, puis à toute vapeur. On s'assure ainsi de son bon fonctionnement ; si un organe manque, si quelque pièce se rompt, si un joint de tuyau crève, on n'est pas exposé à faire d'avaries sérieuses, puisque le bâtiment est au repos. Pendant cette opération de quelques heures, on se rend compte sans danger des défauts que la machine peut présenter. Les surfaces frottantes commencent à se polir, les petites aspérités que laissent toujours les outils sur les glaces des tiroirs, dans les chemises des cylindres, dans les coussinets, sur les portées, disparaissent ; en un mot les *frottements se font*, pour employer l'expression technique, et le navire est prêt à faire ses essais à la mer.

Après que l'on a tourné au point fixe deux ou trois fois, jusqu'à ce que le fonctionnement ne laisse plus rien à désirer, le constructeur fait prévenir la commission qui doit, contradictoirement avec lui, opérer les essais définitifs *en route libre*, de vitesse et de consommation; les derniers seuls nous occupent ici.

Tout le monde sait que la vitesse d'un navire est exprimée par le nombre de *nœuds* et de fractions de nœud qu'il peut parcourir en une heure. Le nœud ou mille marin étant de 1852 mètres, quand on dit que tel bâtiment file 15 nœuds, cela signifie que sa vitesse par heure est de 1852 mètres $\times 15 = 24076$ mètres.

Cette vitesse se mesure aux essais, soit sur une *base*, soit à l'aide du *loch*.

Les lochs que l'on emploie aujourd'hui sont tous des lochs à hélice enregistreurs. Il en existe de plusieurs modèles, mais leur principe est toujours le même, et nous les rattacherons aux deux systèmes les plus connus, ceux de *Walker* et de *Garland*.

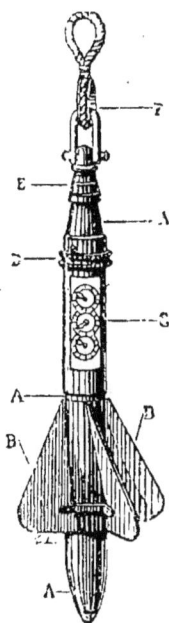

Fig. 42.
Loch Walker.

Le loch Walker (fig. 42) se compose d'une sorte de boîte creuse en laiton, ayant environ 0m,40 de longueur et affectant la forme d'un cigare. Vers l'arrière, ce loch porte une petite hélice en bronze B dont l'axe de rotation se confond avec le sien. L'arbre de cette hélice est solidaire d'un compteur à trois cadrans C, renfermé dans la boite. L'un de ces cadrans indique les dixièmes de nœud, le second les nœuds, l'autre les dizaines de nœuds. Cette graduation est facile, puisque le pas de l'hélice est connu. On sait en effet que pour un nombre de tours donné elle aura avancé d'une quantité correspondante. Si par exemple son pas est de $0^m,40$, elle devra exécuter 463 révolutions pour un dixième de nœud, 4630 pour un nœud, et 46 300 pour dix nœuds. Si l'on fait tourner l'hélice de 9725 révolutions, les cadrans enregistreurs indiqueront 2 nœuds 1 dixième. Supposez maintenant que, les aiguilles des trois cadrans étant ramenées au zéro, on immerge le loch à l'arrière du navire, en le remorquant par un filin suffisamment long pour que l'appareil ne soit pas influencé par les remous du propulseur. Dès que le filin sera tendu, le loch suivra le navire avec la même vitesse que ce dernier, et, chaque fois que le tout avancera de la quantité correspondante au pas de la petite hélice, celle-ci, en vertu de la résistance du liquide ambiant, tournera d'un tour et enregistrera sur un des cadrans la fraction correspondante dont on a marché. Il suffira donc de noter le temps pendant lequel le loch est resté immergé et de diviser par cette quantité le nombre de nœuds et de dixièmes de nœud que l'on relève sur le loch.

En pratique, voici comment on opère. Une des personnes chargées de présider les essais, et munie

d'une montre à secondes, se tient à l'arrière du navire. A un signal qu'elle donne, une équipe d'hommes
jette le loch à la mer. Le temps exact pendant lequel
cette opération s'exécute est soigneusement noté. Au
bout d'un quart d'heure, de vingt minutes, d'une
demi-heure, suivant la durée que l'on veut donner à
l'essai, le loch est retiré et la vitesse du navire à ce
moment est le quotient de la distance parcourue
qu'indique l'instrument multipliée par 3600", divisée par le nombre de secondes qu'il est resté immergé.

Le *loch Garland* diffère du précédent en ce sens que
le compteur, au lieu d'être jeté à la mer, reste à bord,
fixé à un espars ou au couronnement. L'hélice est
seule immergée. Elle est reliée à l'appareil enregis-
treur par un cordonnet tressé qui transmet à ce dernier le mouvement de rotation. On peut ainsi suivre
à tout instant les indications du loch sans retirer l'hélice hors de l'eau. Si, par exemple, l'instrument
fonctionnant depuis quelques heures, on veut connaître, à un moment donné, la vitesse du bâtiment,
on relève au commencement de l'expérience le nombre de nœuds déjà indiqué par les cadrans; soit
26 milles 5 dixièmes. Au bout de 20 minutes, on lit
à nouveau le chiffre du parcours donné par le compteur, soit 31 milles 6 dixièmes. On aura, pendant
cet intervalle de temps, parcouru : $31^m,6 - 26^m,5 =$
$5^m,1$, ce qui par heure correspond à une vitesse de
$$\frac{5^m,1 \times 60'}{20} = 15 \text{ nœuds } 5 \text{ dixièmes.}$$

Le loch offre cet avantage qu'il peut s'employer au large et sans préparatifs. Malheureusement, il ne donne pas des résultats d'une rigueur absolue, les instruments que l'on emploie n'ayant pas toujours une précision suffisante et étant sujets à se dérégler. Aussi, les essais sur les bases, dont nous allons parler, sont-ils seuls admis pour la réception officielle des bâtiments, par les marines militaires et par les grandes compagnies de navigation. D'ailleurs, on contrôle le plus souvent ces derniers par un ou deux lochs fonctionnant contradictoirement.

On appelle *base*, une distance mesurée très exactement, au moyen de la chaîne d'arpenteur ou même sur la carte d'état-major, le long d'une côte bien accore et protégée autant que possible des lames du large. Dans les environs des grands ports maritimes, il y a toujours une ou deux bases bien connues et bien déterminées. Les extrémités de la distance ainsi établie sont nettement indiquées par des poteaux ou balises facilement visibles de la mer. Derrière chacune des balises extrêmes on en place une seconde à quelques mètres, de telle sorte que les deux droites passant par les deux poteaux de chaque bout soient rigoureusement perpendiculaires à la ligne de base qui est orientée dans une direction déterminée (fig. 45). Il suffira donc, pour mesurer la vitesse d'un bâtiment, de lui faire parcourir une parallèle à la direction de la base[1], et

1. L'orientation de la base est connue, et le timonier doit mettre

de noter attentivement le temps exact auquel un observateur, placé sur le même point du navire, verra successivement, l'une par l'autre, les deux balises d'une même extrémité. La longueur de la base étant connue : 2000 mètres par exemple, et le temps que l'on met à la parcourir étant relevé, soit

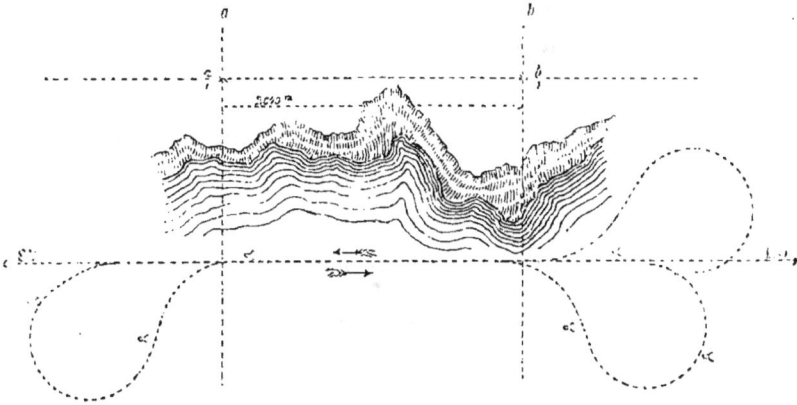

Fig. 45. — Plan d'une base.

4 minutes 20 secondes, la vitesse en mètres par seconde se trouvera de $\dfrac{2000}{4 \times 60 + 20} = 7^m,66$, ce qui, par heure, correspond à un sillage de $\dfrac{7^m,66 \times 3600''}{1852} = 14$ nœuds 88 centièmes.

On remarquera que l'on ne tient pas compte de

le cap du navire exactement dans cette direction, pendant tout le temps que l'on se trouve sur la base. Il doit également éviter les embardées qui, augmentant le chemin effectivement parcouru par le bâtiment d'une quantité dont on ne peut tenir compte, diminueraient la vitesse trouvée.

la vitesse du courant qui peut exister à l'endroit où se font les essais ; aussi est-il nécessaire de faire immédiatement un second parcours en sens inverse. La moyenne des vitesses obtenues pendant ces deux parcours est la vitesse réelle du bateau, abstraction faite de celle du courant. Du reste, comme les courants peuvent changer de sens et d'intensité dans un espace de temps très court et que l'on peut risquer de commettre des erreurs dans le relèvement, soit des extrémités de la base, soit des temps, on fait généralement plusieurs doubles parcours dont on prend successivement les moyennes, comme l'indique le tableau suivant :

PARCOURS		VITESSES OBSERVÉES	PREMIÈRES MOYENNES	DEUXIÈMES MOYENNES	TROISIÈME MOYENNE.
		nœuds.	nœuds.	nœuds.	nœuds.
Premier parcours. . .	montée. . .	11,45	12,68		
	descente. .	15,91		12,74	
Deuxième parcours . .	montée. . .	11,90	12,81		
	descente. .	15,72			12,64
Troisième parcours . .	montée. . .	11,84	12,52		
	descente. .	15,20		12,55	
Quatrième parcours. .	montée. . .	11,20	12,59		
	descente. .	15,98			

La dernière moyenne de 12ⁿ.64 est la vitesse du navire.

Voici maintenant, en quelques mots, comment on se rend compte de la puissance développée par la machine, puissance qui est toujours évaluée en chevaux de 75 kilogrammètres indiqués sur les pistons.

On sait que le travail réalisé dans le cylindre d'une machine à vapeur est égal à la surface du piston, multipliée par la vitesse de ce piston en mètres par seconde et par la pression moyenne effective exercée sur le piston pendant toute la course. Au début de cette dernière la pression et la puissance ont une certaine valeur, à la fin elles en ont une autre : la moyenne est bien réellement la force développée pendant une demi-révolution. En introduisant dans la formule la vitesse du piston exprimée en mètres par seconde, on ramène le travail à l'unité usuelle, qui est le cheval-vapeur égal à 75 kilogrammes élevés à un mètre de hauteur pendant une seconde.

Puisque l'on peut observer le nombre de révolutions, soit en le comptant directement, soit à l'aide d'un compteur de tours, et que l'on connaît la course du piston, on peut facilement en déduire la vitesse du piston. Soient en effet n le nombre de tours de la machine par seconde, c la course du piston; la vitesse v de ce dernier, par seconde, sera

$$v = \frac{2nc}{60''} = \frac{nc}{30}$$

On multiplie le numérateur par 2, parce que pour un tour complet, le piston accomplit deux fois son mouvement de va-et-vient. Or, la surface du piston étant également déterminée, la seule inconnue à trouver reste donc la pression moyenne sur le piston. On y parvient en relevant des diagrammes à l'indicateur.

L'*indicateur* sert à enregistrer graphiquement la pression de la vapeur dans le cylindre d'une machine, pour chaque position du piston ou de la manivelle. Ce but est atteint de la manière suivante : Un crayon est soulevé plus ou moins haut, suivant la pression de la vapeur, par un piston abaissé en temps ordinaire au moyen d'un ressort antagoniste, et dont le dessous est en communication avec la vapeur du cylindre. Ce crayon est placé perpendiculairement à la surface d'un cylindre de laiton, recouvert d'une bande de papier, qui tourne alternativement en avant et en arrière, en suivant les mouvements du piston auquel il est relié par un mécanisme léger ou par une cordelette. A chaque révolution de la machine. le crayon décrit sur le papier une courbe continue, qui constitue le *diagramme* et qui permet de reconnaître les variations de la pression dans le cylindre pendant cette période. Quand il n'y a pas de vapeur dans le cylindre de la machine, ou que le robinet qui met ce dernier en communication avec l'indicateur est fermé, le crayon décrit une ligne droite horizontale, appelée *ligne atmosphérique*, qui sert de base pour la mesure des ordonnées représentant la pression aux divers points de la course. Comme on connaît exactement la section du piston de l'indicateur et la résistance du ressort, on en déduit l'*échelle de l'indicateur*, c'est-à-dire la hauteur dont se soulève le piston de cet instrument pour chaque atmosphère ou fraction d'atmosphère.

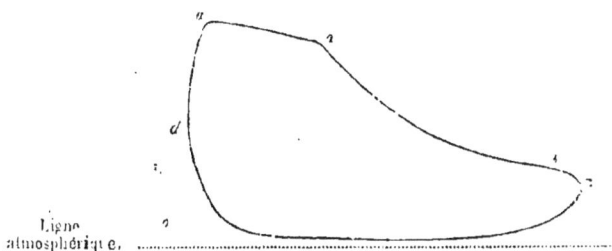

Fig. 44. — Diagramme d'indicateur.

On peut donc lire la pression dans le cylindre pour chaque position de la manivelle.

L'indicateur se visse au cylindre de la machine sur une petite tubulure spéciale. L'instrument, fort délicat, est entièrement en bronze et en laiton. On peut, à l'aide d'un robinet à trois eaux, le mettre alternativement en communication avec un des côtés du piston.

Sur le diagramme représenté figure 44, la courbe *ab* correspond à la face du piston sur laquelle la vapeur est admise, la courbe *cd* est relative à la période d'échappement sur cette même face.

18

Le diagramme ne montre en lui-même que les variations de la pression pour une course complète, mais on peut en déduire la pression moyenne, en admettant bien entendu que chaque courbe relevée est un spécimen absolument identique à tous ceux qui seraient fournis pour toutes les demi-révolutions de la machine. Dans les essais, on prend des courbes de quart d'heure en quart d'heure, et la moyenne des indications qu'elles fournissent est considérée comme devant fournir le résultat exact des expériences.

La pression moyenne est obtenue en divisant le diagramme par un certain nombre d'ordonnées équidistantes perpendiculaires à la ligne atmosphérique. La somme des longueurs de ces ordonnées comprises entre les courbes haute et basse du diagramme, divisée par leur nombre, donne leur longueur moyenne qui, divisée elle-même par l'échelle du ressort exprimée en centimètres par atmosphère, n'est autre que la pression moyenne effective.

Un autre moyen de rechercher la pression moyenne consiste à mesurer avec un *planimètre* la surface comprise entre les cotes du diagramme, et de la diviser par la longueur de ce dernier, ce qui évidemment doit fournir la largeur moyenne.

Ce ne sont là, bien entendu, que les principes d'une opération qui, en pratique, demande à être réalisée par des agents habiles et exercés, pour fournir des résultats précis.

CHAPITRE XIV

OPÉRATIONS DU LANCEMENT

Aucune opération industrielle n'exige de soins aussi délicats que la mise à l'eau d'un grand navire, malgré l'énormité des masses qu'il s'agit de mettre en mouvement. Nous n'en voulons pour preuve que les nombreux insuccès qu'éprouvent si souvent des ingénieurs habiles, insuccès qui trouvent leur excuse et leur explication dans des causes diverses indépendantes de la volonté humaine. L'état de la température, les tassements du sol, le caprice d'une marée, sont autant d'obstacles qui concourent à compromettre la réussite du lancement le mieux combiné. La moindre négligence, l'oubli du détail le plus infime, peuvent tout perdre. Aussi, est-ce toujours un moment de vive émotion que celui où l'énorme coque, débarrassée de ses entraves, s'ébranle doucement et se dirige avec une vitesse croissante vers la mer ou vers le fleuve qui doit la recevoir. Mais ira-t-elle jusque-là ? Il lui arrive quelquefois de s'arrêter en route, et ce n'est qu'au prix de longs efforts qu'il sera possible de mener à bonne fin l'opération manquée.

Il existe plusieurs manières de mettre à l'eau un navire en fer. Nous décrirons brièvement le *lancement sur quille*, qui est à la fois le plus simple et le plus usité dans l'industrie.

Pendant la construction, la quille du navire est placée sur des massifs en bois T appelés *tins*, com-

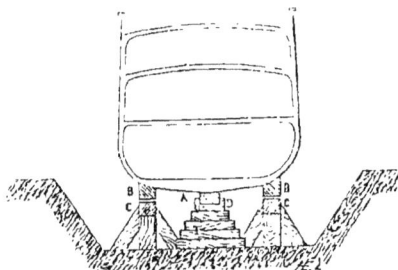

Fig. 45. — Coupe transversale du ber de lancement.

posés de madriers superposés (voir coupe transversale, figure 45). Ces tins sont également espacés, à des intervalles de quelques mètres, et leur partie supérieure, parfaitement alignée, présente dans son ensemble une pente vers la mer qui varie suivant les cas de 5 à 10 centimètres par mètre. La quille possède donc la même inclinaison par rapport à l'horizontale[1].

1. Pour des raisons qu'il est inutile de développer ici, les navires sont toujours montés sur le chantier de telle sorte que leur arrière regarde la mer. De même, leur axe longitudinal, sauf de rares exceptions, est perpendiculaire à la rive.

Lorsque la coque est complètement terminée, que le bordé est rivé et maté, que l'hélice est mise en place, que la carène est peinte et enduite, on procède aux préparatifs du lancement. A cet effet, on vient passer sous la quille, par bouts de quelques mètres et en commençant à l'arrière, une forte *savate* en chêne A, dont les différentes fractions, réunies entre elles au moyen de lattes en fer et de boulons, remplacent les madriers supérieurs des tins sur toute la longueur de la quille. Les flancs de la carène, sur environ la moitié de la longueur au milieu, sont pourvus de chaque côté d'une ventrière en bois B, maintenue par des cornières boulonnées au bordé. Ces ventrières ont pour but d'empêcher que, pendant le lancement, le bâtiment, glissant sur sa coulisse, ne vienne à s'incliner d'un bord ou de l'autre. Ce mouvement est prévenu par les *coëttes* C, très robustes longrines en chêne, placées à un ou deux centimètres au-dessous de la ventrière, présentant la même inclinaison que la quille et parallèles à cette dernière. La veille du lancement au plus tôt, on enduit les coëttes d'un mélange de suif et de savon de Marseille, puis on passe les *coulisses* D. On opère pour le placement de celles-ci comme pour la savate.

Ces coulisses, également recouvertes d'une couche épaisse de suif, sont en bois très dur et divisées en bouts de quelques mètres; elles portent d'un côté un rebord qui empêche la graisse de s'échapper et contribue, pendant la mise à l'eau, à guider la quille du bâtiment. Une fois les coulisses en place, on leur cloue de l'autre côté un rebord semblable. Les différentes coulisses sont successivement passées sous la quille, en procédant de l'arrière à l'avant, après que l'on a retiré tour à tour les blocs qui se trouvent à la partie haute des tins[1]. Chaque coulisse est énergiquement serrée sur la savate, au moyen de coins en bois très rapprochés. De proche en proche, on arrive ainsi à remplacer le plan rugueux et inégal qui portait le navire par une surface lisse, continue, et convenablement lubrifiée, sur laquelle il pourra glisser[2]. Pour éviter que ce mouvement ne se produise avant l'heure opportune, on fait agir sur l'avant ou sur l'arrière du navire : des liures en filin, des clefs, des madriers cloués d'une part à la savate et de l'autre à un système de poteaux enfoncés dans le sol, ou d'autres moyens de retenue puissants, que l'on supprime quand le moment est venu.

Lorsque, d'après la hauteur de la marée ou l'état du courant, on juge qu'il est temps d'opérer la

---

1. Cette opération n'est possible que grâce à la raideur des navires, surtout quand ils sont construits en fer ou en acier, ce qui permet de supprimer momentanément, sur une longueur déterminée, une partie des tins qui les supportent.

2. Il va sans dire que l'appareil de lancement, coulisses, coëttes, etc., est prolongé sous l'eau d'une certaine quantité, de manière à soutenir le bâtiment jusqu'au point où il commencera à flotter et à se relever.

mise à l'eau, on enlève les *accores*, sortes d'arcs-
boutants transversaux qui maintiennent pendant
la construction les flancs du navire et les appuient.
On coupe ensuite la liure ou les madriers de retenue.
Il ne reste plus qu'à retirer la clef. Le moment
devient solennel. Au commandement de l'ingénieur
qui préside au lancement, des hommes, armés de
masses ou de béliers, chassent à grands coups la
clef qui seule retient encore le bâtiment. Celui-ci
s'ébranle, très doucement d'abord. Peu à peu sa
vitesse s'accélère ; il se précipite à la mer au milieu
d'un immense bouillonnement. Quelques secondes
après, il flotte majestueusement aux acclamations
des spectateurs accourus en foule à ce spectacle
toujours émouvant. Il advient fréquemment que la
coque, débarrassée de toute entrave, reste parfaitement immobile, soit parce que le suif est trop
dur, soit parce que le poids du navire et la pente
sont insuffisants. Il faut alors le « décaler » au
moyen de puissants vérins hydrauliques butant sur
un point d'appui invariablement lié au sol, ou bien
à l'aide d'arcs-boutants sur lesquels on agit à
grands coups de masse et de palans auxquels s'at-
tachent tous les ouvriers du chantier. Parfois ces
efforts restent vains : il faut démonter toutes les
coulisses, vérifier l'état dans lequel elles se trouvent, les graisser à nouveau, visiter le ber de
lancement, rechercher l'obstacle invisible, cause
du malheur. Il suffit souvent d'un clou oublié par

un charpentier pour faire manquer l'opération. Ces incidents sont fort redoutés des constructeurs, car ils entraînent toujours des pertes considérables de temps et d'argent.

Lorsqu'il s'agit de paquebots ou de cuirassés très longs ou très lourds[1], on ne peut donner à la savate une largeur suffisante pour que la pression par unité de surface exercée sur les coulisses reste inférieure à la limite au-dessus de laquelle les matières lubrifiantes sont expulsées. Dans ce cas il y aurait adhérence et même pénétration des surfaces en contact : aucun mouvement ne pourrait se produire. Pour y obvier, on lance sur *coëttes* ou sur *ber*, ce qui revient à supprimer totalement les coulisses de la quille et à laisser celle-ci suspendue; le bâtiment repose alors, par l'intermédiaire de ses ventrières, sur les coëttes latérales, dont on augmente la longueur et la largeur. La surface de portage se trouve donc deux fois plus considérable que dans le cas précédent. Il devient alors nécessaire d'avoir recours à un système compliqué de madriers et de poutrelles qui épousent les formes de la carène dans le plan des ventrières, et soutiennent les flancs du bateau sur toute la longueur de celles-ci. C'est ainsi qu'ont été lancés la plupart des transatlantiques que nous avons décrits dans un des chapitres précédents.

---

1. Certains paquebots pèsent près de 4000 tonnes au moment du lancement.

Les lancements n'ont pas toujours lieu sur une côte accore, faisant face à la pleine mer. Le plus souvent au contraire cette opération est effectuée dans un bassin de dimensions très limitées ou dans un fleuve, ce qui la complique singulièrement. S'agit-il, par exemple, d'une rivière à marée, il faut attendre pour la mise à l'eau le moment précis de l'étale mer, afin que le courant, contrarié par le flot, ne vienne pas agir transversalement sur le bâtiment dès que ce dernier commence à quitter ses coulisses. C'est aussi dans ce but que l'on incline le ber de lancement et les coëttes, dans le sens horizontal, du côté d'aval : de cette façon, le courant attaque le navire obliquement pendant le lancement, ce qui diminue beaucoup son influence perturbatrice.

Presque toujours, le fleuve est assez étroit pour que l'on ait à craindre de voir le bâtiment, entraîné par sa vitesse acquise, aller heurter l'autre rive avec violence et subir ainsi des avaries graves. Pour y remédier, le personnel placé à bord est chargé de mouiller les deux ancres de bossoir, aussitôt que l'avant du navire a quitté les coulisses. Comme ce moyen pourrait ne pas suffire, on a recours à un autre expédient. Un câble très puissant, solidement relié aux carlingues, est disposé de chaque bord de la coque; sa longueur est égale à la distance maximum que le bâtiment peut parcourir sans danger. Ce grelin est amarré à de forts pieux, plantés en tête des cales de lancement, et relevé le long du pont avant la mise à l'eau pour ne pas gêner l'opération ; il porte de distance en distance des amarrages en filin, appelés *bosses cassantes* et attachés à une série de poteaux placés près des coëttes ; ils se briseront au fur et à mesure que le navire glissera sur son ber et amortiront peu à peu sa vitesse et sa puissance vive. Quel que soit l'effet des bosses cassantes, les câbles de retenue limitent nécessairement la course du bâtiment.

Le steamer, une fois lancé, est conduit soit dans un bassin, soit le long d'un quai, où l'on achèvera son armement et où l'on embarquera sa machine et ses chaudières[1].

L'opération finale consistera à le faire passer dans une forme sèche où il subira une dernière visite. On procédera à quelques menues réparations ; on bouchera les trous pratiqués dans la coque pour fixer les ventrières de lancement ; on enduira et on peindra définitivement la carène.

Le paquebot armé, aménagé et paré, frémissant sous l'impulsion de ces puissantes machines, n'attend plus qu'un signe de son capitaine pour s'élancer à la conquête de la mer.

---

1. L'arbre porte-hélice est toujours mis en place avant le lancement, mais quelquefois le propulseur n'est monté qu'au dernier moment, lorsque le steamer est dans la cale sèche.

FIN.

TABLE DES GRAVURES

FIN DE LA TABLE DES GRAVURES.

TABLE DES MATIÈRES

FIN DE LA TABLE DES MATIÈRES.

14728. — PARIS, IMPRIMERIE A. LAHURE.
Rue de Fleurus, 9.

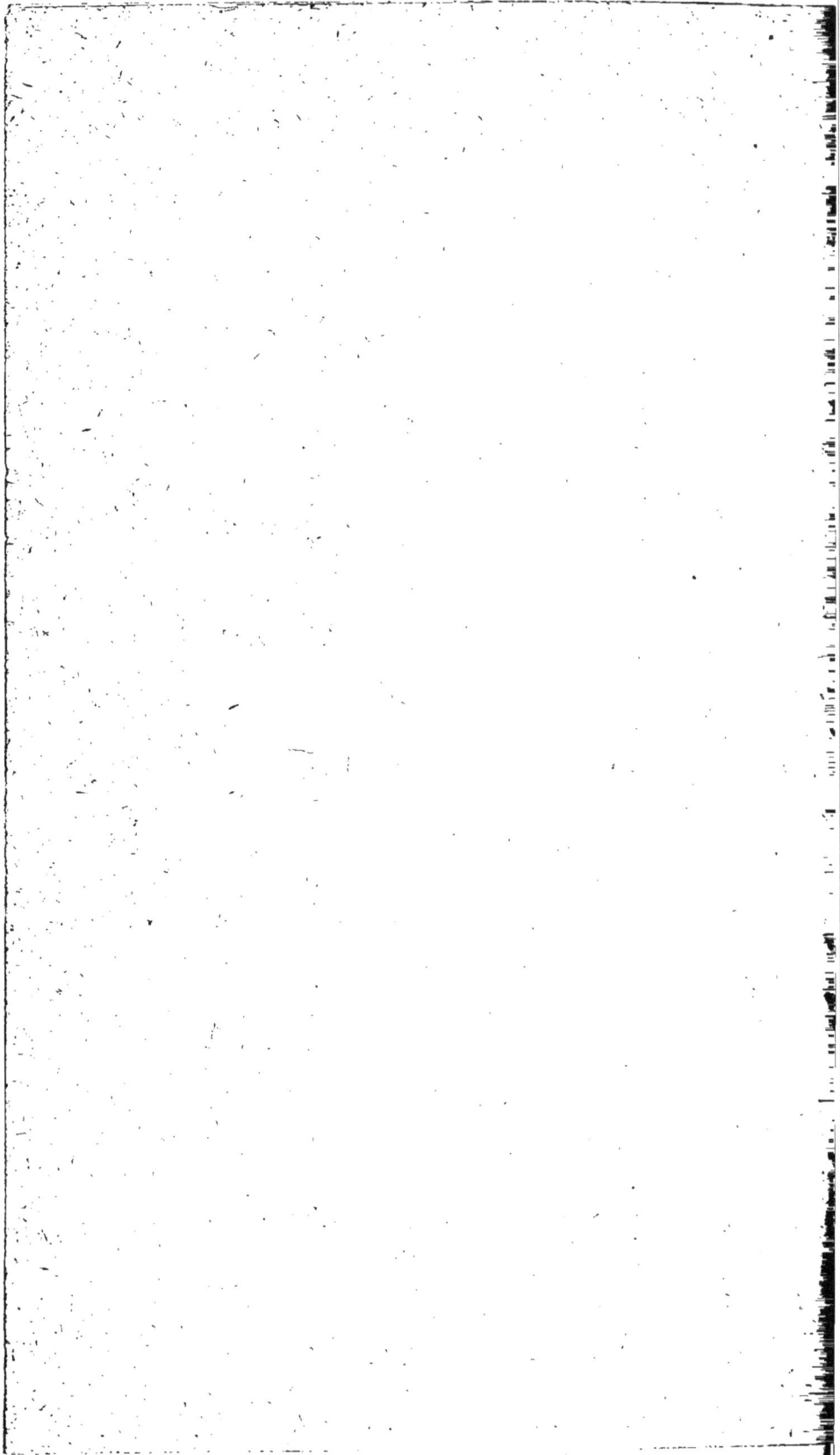